W0265702

Gernot Brückner

GESPRÄCHE MIT DEM UNBEKANNTEN

2. Band
Die Transformation der Materie

itv

ITV-VERLAG GMBH · ASCHAU

ISBN 3-88518-015-4

©1980 by Gernot Brückner
Alle Rechte vorbehalten.
Printed in Germany
Lektorat: Woltmann-Zeitler, Karlsfeld
Satz: typografica-GmbH, Rosenheim
Druck: Alpina-Druck, Prien
Bindearbeiten: Lindinger, München

Inhalt

Dem Menschen gewidmet,
der unsere Welt
»von der anderen Seite aus« sieht.

Einführung

Die Welt des Paradoxon

Wir befinden uns heute in einer Übergangsphase von einer Epoche der menschlichen Entwicklung in eine andere. Wie jeder Übergang verursacht auch dieser Probleme: Alte Regeln, die bisher nützlich waren, verlieren an Gültigkeit, und neue Gesetzmäßigkeiten müssen beachtet werden.

Die alten Leitbilder können uns immer weniger als Basis für unser Tun dienen, und täglich werden weitere Fixpunkte unserer gewohnten Welt in Frage gestellt. Daraus entstehen Unsicherheiten und Fragen.

Unser Gesprächspartner »Claude«, der »hinter die Dinge sieht« und offenen Zugang besitzt zu anderen Dimensionen, die hinter der uns bekannten liegen, macht uns darauf aufmerksam, daß »alles, was wir sehen und hören, nur der Niederschlag in der Materie ist von dem, was jenseits unserer Sinne in einer anderen Welt arbeitet und vorbereitet wird . . .«.

Und er sagt, daß »dort, jenseits unserer vertrauten Welt, Kräfte am Werk sind und Entwicklungen anbahnen . . ., die unser Vorstellungsvermögen einfach überfordern«.

Welche Entwicklungen sind dies, warum laufen sie heute ab und welchen Part spielen wir dabei?

Auf den folgenden Seiten wird versucht, die von »Claude« gegebenen Antworten teils wörtlich, teils sinngemäß wiederzugeben und sie durch von ihm während der Gespräche angefertigte Skizzen zu erläutern; wobei sich die Frage stellt, wie kompetent diese Antworten sind:

Man kann zu ihnen stehen wie man will, es wird sich nicht vermeiden lassen, daß jeder, der sich mit diesen Fragen und diesen Antworten ernsthaft beschäftigen möchte, seine eigene Meinung entwickelt und eigene Erfahrungen sammelt. Und ich zitiere hier aus der Einführung zum ersten Band:

»Die ›Gespräche‹ wollen zu keiner neuen Weltanschauung überreden . . . sondern sind als Antworten auf Fragen gedacht . . . Einige der hier gegebenen Erklärungen werden leichter akzeptiert werden können als andere. In jedem Fall wird Unvoreingenommenheit und Unbefangenheit dazu beitragen, sich mit dieser neuen Welt vertraut zu machen, die sich hier vor uns auftut und die für unseren heutigen Verstand mit seiner bisherigen Ausbildung nur schwer faßbar ist. In dieser ›Welt des Paradoxon‹ befinden sich unsere übernommenen Denkmodelle im Widerspruch zu ungewohnten, aber klaren und unerbittlichen Gesetzmäßigkeiten«.

Diese Gesetzmäßigkeiten werden in den »Gesprächen« herausgearbeitet, die Leitlinien zu finden, die uns bei der Durchführung unserer gegenwärtigen und zukünftigen Aufgaben helfen können.

In Bezug auf Stil und Aufbau der hier vorgestellten Texte ist zu beachten, daß es sich bei ihnen um die Wiedergabe *gesprochener* Worte handelt und daß die Gespräche zu verschiedenen Zeiten, bei unterschiedlichen Anlässen und dementsprechend unter jeweils anderen Gesichtspunkten geführt wurden.

Die einzelnen Aussagen werden zwar hier themenmäßig geordnet, eine logische Aneinanderreihung jedoch kann nicht immer erreicht werden. Auch lassen sich Wiederholungen manchmal nicht vermeiden, die das gleiche Thema dann aber immer wieder von einer anderen Seite aus betrachten.

Wir nähern uns dem Kernthema, dem der »Transformation der Materie«, so wie einer Kugel, nacheinander von verschiedenen Seiten, und dringen jedesmal tiefer ein.

Dabei begegnen wir immer wieder scheinbaren Widersprüchen, weil es gegenüberliegende »Kugelsegmente« gibt und diese, je nach unserem Blickpunkt, Gegensätze zu sein scheinen.

Auch ist der scheinbare Widerspruch – die Dualität – am größten an der Oberfläche der Kugel. Je tiefer wir eindringen, um so mehr treten die Widersprüche zurück, bis sie sich ganz auflösen . . .

Deswegen können wir uns dem »Kern der Sache« auch nicht logisch-intellektuell nähern, da wir sonst nur unser Mental befriedigten und so die Gefahr bestünde, daß wir am eigentlichen Thema vorbeigingen.

Wir kommen hier nur weiter, wenn wir – bei allem notwendigen, aber konstruktiven Zweifel – versuchen, »meditativ zu erfassen«, zwischen den Zeilen zu lesen und »runder zu denken«.

Dann ist unser Mental gezwungen, gewohnte Wege zu verlassen. Es wird zwangsläufig unsicher – bekommt Angst. Doch dafür wird mit zunehmendem Eindringen das »intuitive Wissen« klarer, gibt es neue Sicherheit.

Während im ersten Band der »Gespräche mit dem Unbekannten«, »Die zwei Welten«, vor allem die wichtigsten Begriffe definiert wurden, insbesondere der Begriff des Egos und der Zyklen, wird im vorliegenden zweiten Band der Versuch gewagt, die »großen Zusammenhänge« deutlicher zu machen. Hierbei wird im Teil I Antwort gesucht auf die alten Fragen »Wer bin ich? Woher komme ich? Was ist Schicksal?«, und in den Teilen II und III dargelegt, warum heute diese großen Veränderungen auf unserer Erde stattfinden.

Im dritten Band dieser Reihe, »Neue Gesetze«, werden dann die zunehmend unvermeidbareren Konsequenzen erläutert, die sich daraus für unser eigenes Verhalten ableiten lassen.

Die Schwingungen der Seele und das Schicksal

»Die Seele inkarniert sich bei ihrer Ankunft auf der Erde in einem menschlichen Körper. Sie ist gekennzeichnet durch eine bei jedem Menschen andere Kombination von Schwingungen verschiedener Art und verschiedener Natur. Jede Seele gehört einer spezifischen Schwingungsebene an, und das Ziel der Entwicklung besteht darin, auf höhere Ebenen zu gelangen.

Genauso muß man wissen, daß sich Seelen auch nach unten entwickeln und wieder zum Stofflichen und Tierischen hin absteigen können.

Die jeden Menschen charakterisierende Seelenschwingung enthält in jedem ihrer Punkte dessen Schicksal (Karma); das sind alle wichtigen Ereignisse, Begegnungen, auch die Verheiratung beispielsweise, und die materiellen Verhältnisse.

Diese Schwingungen bestimmen das Haupt-Karma, die klaren und präzisen Punkte im Schicksal. Davon zu unterscheiden ist das Sekundär-Karma, welches vom Körper und dem Milieu geschaffen wird, in welches der Körper hineingeboren wurde.

Jede Änderung im festgelegten Schicksal und jede Entwicklung findet statt durch Eingriffe, die aus Schwingungsebenen kommen, welche der Ebene des betreffenden Menschen unmittelbar übergeordnet sind. Auch jede »Hilfe« kommt von dort.

Doch kann das Höhere, das Göttliche Bewußtsein in bestimmten Fällen von seinem allerhöchsten Niveau aus in das Schicksal der Menschen direkt eingreifen –, durch alle Existenzebenen hindurch – um in der Materie einen Göttlichen Plan zu verwirklichen.«

*

»Die Hilfe des Höheren Bewußtseins lebt. Sie berücksichtigt alle Faktoren – die der Gegenwart, der Vergangenheit und der Zukunft. Aber sie berücksichtigt auch immer die Entscheidungsfreiheit des Menschen, das heißt die Freiheit seines Handelns, seines Denkens und seiner Entfaltung

im Geschäftsleben,
in der Politik,
im gesellschaftlichen und im Familienleben
und bezüglich seiner Gesundheit und
seiner persönlichen Entwicklung.«

I. Teil

Seele und Körper

»Wir bekommen nur, was wir verdienen,
entsprechend
unserer inneren Einstellung,
unseren Verdiensten,
aber auch im Hinblick auf zukünftige Auf-
gaben, die wir innerhalb eines Großen
Planes zu erfüllen haben.«

1

Das Karma

Die Vergangenheit der Seele

»Wer bin ich, und warum bin ich hier?«

Dies sind Fragen, die wir uns alle früher oder später stellen. Bei der Suche nach einer Antwort stoßen wir auch auf den Begriff des Karmas.

Die Lehre vom Karma stammt aus dem hinduistischen und buddhistischen Weltbild und sagt, daß unser heutiges Schicksal das Ergebnis unserer früheren Taten sei und ein Mensch so lange auf der Erde wiedergeboren werde, bis er diesem Kreislauf entfliehen könne. Dies könne jedoch erst geschehen, wenn er keine neuen Ursachen mehr schaffe – wenn seine Taten wunschlos seien.

Wir im europäischen Kulturkreis haben in unserer jeweiligen Sprache kein passendes eigenes Wort für Karma. Am besten läßt sich Karma vielleicht noch mit dem Begriff von Ursache und Wirkung umschreiben. Man kann mit dem Begriff auch einfach das bezeichnen, was uns aus der Vergangenheit »anhängt«.

Auf eine diesbezügliche Frage sagte Claude:

»So gesehen ist Karma ein Erbe unserer Vergangenheit. Das ist dann eine Art, es zu sehen.

Mit dem Begriff des Karmas ist aber auch der Begriff der Gerechtigkeit verbunden. Allerdings geht es hier nicht um eine Gerechtigkeit, wie wir sie auf der Schule gelernt haben, sondern um eine Göttliche Gerechtigkeit. Wir müssen hier auf der Erde manchmal beispielsweise mit einer Krankheit oder sogar dem Tod für etwas bezahlen, dessen wir uns nicht bewußt sind; wir verstehen die Hintergründe nicht. In einem solchen Fall kommt diese Gerechtigkeit zum Ausdruck, die eben zurückreicht auf Ursachen, die in früheren Leben geschaffen wurden.«

»In früheren Leben – hier auf der Erde?«

»Auf der Erde ... Nun, wir wissen, daß wir eines Tages sterben werden. Und Tatsache ist auch – unser Mental möchte das zwar nicht zugeben –, daß irgendetwas von uns weiterleben wird, wenn wir sterben. Man kann sich vorstellen, daß das, was weiterlebt, sich eines Tages wieder einen irdischen Körper schafft, um wieder auf die Erde kommen zu können.«

»Sie sagen, daß etwas von uns überlebt. Meinen Sie damit die Seele?«

»Ja und nein. Was weiterlebt, ist eine Summe von Vibrationen. Es sind Vibrationen, mentale und andere, die fortbestehen.«

»Die Seele kommt also auf die Erde, und sie bringt ein Karma mit. Sie bekommt einen neuen Körper. Und dieser Körper leidet, weil seine Seele ein Karma aus der Vergangenheit mitbringt?«

»Warum sprechen Sie von Leiden? Es muß nicht unbedingt Leiden sein. Karma muß nicht eine negative Belastung aus der Vergangenheit bedeuten. Wir können auch ein positives Karma mitbringen, dessen Früchte wir heute ernten. Eine Seele kann durchaus achtzig oder neunzig Jahre lang recht glücklich leben. Natürlich ist das nicht häufig der Fall, da haben Sie schon recht; denn im allgemeinen wird sie nicht ›rein‹ genug, wird sie immer irgendwie verstrickt sein. Es wird immer ein Karma geben, Ursachen, Umstände, einfach Schwingungen, die eben nicht ›rein‹ sind.«

»Wie ist das zu verstehen?«

»Wir haben einen Körper. Das ist das, was wir kennen. Dazu gehört unser Verstand, unser Tagesbewußtsein und so weiter. All das können wir auch als ›Äußeres Ich‹ bezeichnen.

Dann haben wir etwas, was wir nicht kennen. Wir wollen es ›Inneres Selbst‹ oder eben ›Seele‹ nennen.

Der Körper bewegt sich auf der materiellen, grobstofflichen oder physischen Ebene, und er ist sich dort seiner bewußt. Dieser Körper stirbt eines Tages, und mit ihm alles, was an den Körper gebunden ist.

Die Seele aber lebt weiter. Sie war schon da, bevor unser jetziger Körper existiert hat, und sie wird weiterleben, nachdem dieser Körper schon längst tot ist.

Die Seele ist in einer anderen Daseinsebene zu Hause und nur zeitweilig in dieser irdischen Ebene tätig, und zwar mit Hilfe ihres diesmaligen irdischen Körpers.

Das Problem ist, daß wir, solange wir einen physischen Körper haben, uns normalerweise nur dieses physischen Körpers, d. h. unseres ›Äußeren Ichs‹ bewußt sind und bestenfalls akzeptieren, daß wir eine Seele haben.

Wir sind aber nicht unser Körper und haben eine Seele – sondern wir *sind* unsere Seele und wir *haben* einen physischen Körper!

Und während wir uns in einem physischen Körper befinden, unterliegen wir gewissen Einschränkungen. Diese sind begründet

– im sogenannten *Haupt- oder Primärkarma*, das heißt in den Belastungen aus der Vergangenheit, die unsere Seele selbst geschaffen hat, für die sie selbst die Ursache war; dieses Primärkarma bestimmt in erster Linie unser diesmaliges Schicksal;
– im sogenannten *Sekundärkarma,* welches von unserem Körper und von dem Milieu geschaffen wurde, in das der Körper hineingeboren wird, das heißt zum Beispiel

von seinem Körper selbst, seinem Mental – von seinem Ego,
von der Zeit, in der er lebt,
von seiner familiären, sozialen und sonstigen Umwelt und so weiter.«

Das Haupt- oder Primärkarma

»Wir bringen, das heißt unsere Seele bringt aus der Vergangenheit, aus früheren Leben, bestimmte Vorbelastungen oder unbewußte Erinnerungen oder einfach gewisse Vibrationen mit. Dieses aus unserer unbewußten Vergangenheit Mitgebrachte bezeichnen wir als Haupt- oder Primärkarma. Durch dieses Karma ist die Hauptrichtung unseres Schicksals für das diesmalige Leben festgelegt.

Wir selbst haben also in der Vergangenheit gewisse Zusammenhänge geschaffen, die in unser jetziges Leben hineinspielen und unsere Gegenwart und Zukunft mitbestimmen.

Wir haben deshalb – unter anderem – in diesem Leben die Aufgabe, dieses in seinen Hauptpunkten vorgegebene Schicksal zu leben und damit Karma zu tilgen – oder, mit anderen Worten gesagt, die uns unbewußte Vergangenheit zu läutern.

Man kann es auch ganz anders ausdrücken: *Entwicklung findet statt, indem Widerstände überwunden werden.* Diese Widerstände, die in uns selbst liegen, sind die ›Unrundheiten‹ in unserer Persönlichkeit, sind die eigenen Unvollkommenheiten oder Schwächen.

Solange diese Unvollkommenheiten nicht ausgeglichen sind, solange also diese Widerstände nicht von uns überwunden wurden, kann die eigene Entwicklung nicht weitergehen.

Haben wir in der Vergangenheit zum Beispiel eine bestimmte Situation nicht richtig gemeistert, sind wir an einem Problem gescheitert, so werden wir nun vom Schicksal immer wieder in die gleiche Situation gebracht – so lange, bis wir uns richtig verhalten, das heißt eben, mit diesem Problem fertiggeworden sind.«

»Wenn jemand sagt, er habe kein Karma, dann weiß er nicht, was er sagt.
Es gibt niemanden, der ohne Karma ist. Denn ohne Karma zu sein, hieße, nicht existent zu sein. Ohne materielles Karma hätten wir keinen Grund, hier auf der Erde zu leben. Keinen physischen Körper zu haben, hieße, nicht zu existieren.
Verließen wir diesen Körper mit seinen Bindungen an die physische Ebene und ihre Chemie, würden wir in eine andere Dimension eintreten, die anders funktioniert...
Aber auch dort gibt es Ursachen, auch dort gibt es ein Leben mit Ursachen und damit Karma ...«

»Nehmen wir an, die dicke Linie (a) auf Abbildung 1 stelle die ›Schwingung‹ Ihrer Seele dar, die Sie charakterisiert. Dann ist in dieser Wellenlinie Ihr Schicksal dargestellt, zum Beispiel Ihre hauptsächlichen Begegnungen, Ihr Beruf, Ihre Ehe und so weiter. Entsprechend müssen Sie dann leben! Das ist Ihr Schicksal.«

»Das Schicksal ist also vorbestimmt?»

»Das Schicksal ist vorbestimmt – aber nur in seinen Hauptpunkten. Unser Schicksal ist eine Reihung von Punkten. Punkt A auf der Abbildung markiert zum Beispiel das ›schicksalhafte‹ Zusammentreffen mit Herrn X., Punkt B Ihre Aus-

DIE SEELENSCHWINGUNG
UND DAS SCHICKSAL

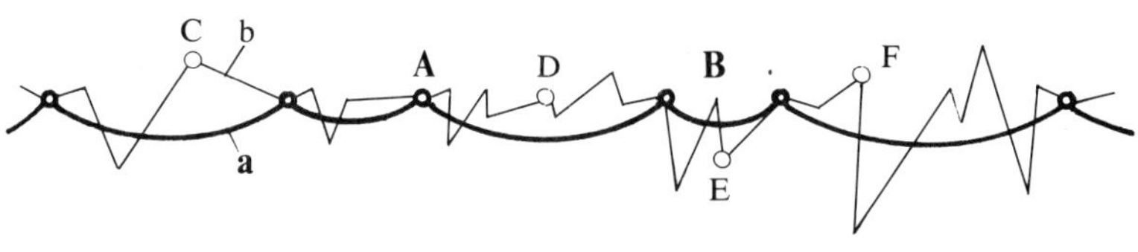

ABBILDUNG 1: *...In dieser Wellenlinie ist Ihr Schicksal dargestellt...*

bildung. Alles dies ist vorbestimmt, wir haben hier die Hauptpunkte Ihres Schicksals, denen Sie nicht entkommen können – von Ausnahmen abgesehen, auf die ich noch zu sprechen komme.

Die dünne Linie auf der Abbildung 1 bezeichnet dann das, was Sie aus Ihrem Schicksal machen. Punkt C bedeutet beispielsweise eines Ihrer Gefühle, welches nicht zu sein brauchte, Punkt D steht für ein unnötiges Hingezogensein zu einer Person, Punkt E stellt Probleme dar, die Sie an eine Person Y binden. Und Punkt F, das sind Mental-Ideen, die nicht die Ihren sind; sie stammen vielleicht von Ihrem Großvater, der sie Ihnen in den Kopf gesetzt hat.

Das Leben, welches unser wahres Leben sein sollte – dessentwegen wir ja hier auf der Erde sind – wird durch die starke Linie (a) dargestellt. Aber das Leben, so wie es dann abläuft, ist die Zick-Zack-Linie (b):
Wir leben oft also gar nicht unser eigenes Leben, wir leben nicht unser eigenes Schicksal.

Das Hauptkarma entspricht der Seelenschwingung, mit welcher wir bei unserer Verkörperung auf die Erde gekommen sind. Uns ist also aufgrund der Seelenschwingung, die wir mitbringen, ein bestimmtes Schicksal vorgezeichnet. Es ist ein Schicksal, welches – *wenn wir es leben!* – uns am schnellsten von unserem Karma befreit. Danach entwickeln wir uns am schnellsten weiter. Denn unser Schicksal, das sind letztlich die Erfahrungen, die unsere Seele für ihre Entwicklung noch braucht.

Die Hauptpunkte A und B beispielsweise sind unsere Schicksalspunkte, die müssen wir anlaufen. Und die starke Linie (a) ist wie eine kurze gerade Straße zwischen diesen Punkten. Wenn wir dieser Straße folgen, kommen wir am einfachsten und schnellsten zum Ziel – *und wir brauchen kaum zu leiden.*

Aber die Menschen machen eben jene Zick-Zack-Linie (b) aus ihrem Leben, gehen Irrwege und Umwege. Das sind die Komplikationen. Und auch schaffen sie so neues Karma.

Wie kommen nun die Umwege zustande?: *Die Umwege werden verursacht durch unser eigenes ›unreines‹ Wollen, mit anderen Worten, durch unser Ego.* Ohne Ego brauchten wir diese Umwege nicht zu gehen. Diese Umwege sind Wege, die unser Ego uns tun läßt, es sind Wege, die unnötig sind – und die Zeitverlust bedeuten.

Aber – Achtung! – diese Zick-Zack-Linie leben wir *auch dann, wenn wir auf andere hören, wenn wir nicht wir selbst sind!«*

»Also erstens: Das Ego des Körpers so weit wie möglich auf Null bringen, all die Umwege vermeiden, die zu nichts dienen.

Und zweitens: Sein eigenes Leben leben, das heißt sein Seelenkarma leben.«

Das Sekundär-Karma

»Was meinen Sie mit ›wenn wir nicht wir selbst sind‹?«

»Wir haben einen physischen Körper und damit ein irdisches, ein materielles Karma, fast möchte ich sagen, ein chemisches Karma. Das ist so zu verstehen: Da wir physische Organe haben, müssen wir Sauerstoff atmen – und schon haben wir eine ganze Kette von Zusammenhängen geschaffen. Da wir einen materiellen Körper haben, lösen wir einen chemischen Prozeß aus und damit um uns herum neue Ursachen: Wir bewegen uns, wir atmen, wir essen und so weiter, wir schaffen also ständig neues Karma.«

»Man kann also sagen, daß jede Handlung Karma schafft?«

»Jede Bewegung ist Karma-auslösend. Wenn wir einen Atemzug tun, wenn wir Sauerstoff in uns aufnehmen, treffen wird bereits unbewußt eine Entscheidung: Wir weisen ja beispielsweise Stickstoff zurück.

Aber wenn man es richtig betrachtet, sind eigentlich nicht wir es, die diese Entscheidung treffen, denn wir bekommen auf der Erde einen physischen Körper, der ja bereits das Ergebnis einer Vergangenheit ist. Wir haben einen fleischlichen Körper geerbt, der auf Grund bestimmter physiologischer Vorgänge funktioniert.

Noch etwas können wir feststellen: Wir sind einerseits Individuen, andererseits sind wir Teil eines Kollektivs, das heißt unser Kollektiv schließt auch andere Personen ein. Das bedeutet folgendes: Wir als Individuen sind nicht allein, es gibt ja noch unsere Familie, unsere Freunde, unsere Berufskollegen; genauso gibt es unsere Sprache und unser Land. Wir werden in eine Umgebung hineingeboren, die ihr eigenes Karma hat. Man kann da von einem Gruppen-Karma sprechen, aber auch von einem Volks-Karma und sogar von einem Karma der ganzen Menschheit.

Und wir sind ein Teil dieser Umgebung und partizipieren an diesem gemeinsamen Karma. Unser Schicksal ist somit zu einem Teil vorgegeben – einfach auf Grund der Tatsache, daß wir in eine betimmte Zeit und Umwelt hineingeboren wurden.

Bestimmte Grundvoraussetzungen sind gegeben, weil eine Gruppe oder eine Stadt oder ein Volk eine bestimmte Vergangenheit besitzt, damit eine Hypothek, ein Karma also mitbringt. Wir sind als Teil dieser Gruppe automatisch an die so gegebenen Voraussetzungen gebunden. Diesem Karma unserer Gruppe können wir uns kaum entziehen.

So werden wir zum Beispiel in eine Familie geboren, die eine bestimmte Sprache spricht und einen bestimmten Glauben sowie eine bestimmte mentale Tendenz besitzt. Damit sind wir automatisch vorgestimmt. Wir haben also zusätzlichen ›Ballast‹ abzubauen.

Je früher es uns also bewußt wird, was die eigene Seele ist und will – und was auf der anderen Seite die äußere Umwelt für einen Einfluß auf uns ausübt – um so besser ist es. Wir können dann unnötige Umwege vermeiden.«

Warum tue ich etwas?

»Wenn wir nun in uns suchen, uns selbst beobachten und uns fragen: ›Warum tue ich das? Warum bin ich soeben dorthin gegangen?‹, dann werden wir vielleicht feststellen, daß wir einen Wunsch in uns spürten, dorthin zu gehen.

Dieser Wunsch kann seinen Ausgangspunkt in einem unserer sieben Energiezentren haben, etwa auf der Ebene des Sexuellen oder des Vitalen. Oder er stammt aus der Ebene des Gefühls oder der Liebe oder des Stolzes. Es kann sich dabei aber auch um ein Wollen handeln, welches seinen Ursprung auf einer der beiden Ebenen des Mentals hat, das heißt auf den Ebenen der Gedanken, der Ideen, der Vorstellungen.

Oder wir werden feststellen, daß der Wunsch nicht von uns selbst stammt, nicht in unserem eigenen Inneren geboren wurde. Es war vielleicht ein Wunsch aus unserer Umgebung, den wir bewußt oder unbewußt ausgeführt haben.

Aber es kann auch Ursache unserer Handlungen gewesen sein, daß wir einfach einem unbewußten Gefühl nachgegeben haben: So hat sich vielleicht irgendetwas in uns nicht wohl gefühlt – und wir sind weggegangen.

Dies sind einige der Möglichkeiten, die wir finden werden, wenn wir uns selbst beobachten.

Es wird immer einen Grund geben, für das, was wir tun. Versuchen Sie einmal festzustellen, ob es irgendeinen Moment gibt, zu dem Sie ohne einen Grund handeln! Solche Handlungen gibt es nicht.

Wenn wir so nachdenken, werden wir uns fragen: ›Wer bin ich eigentlich?‹ Und wir werden uns sagen: ›Ich tue das hier, weil . . . und dort handle ich so, weil . . .‹ Und dann stellt sich die Frage: ›Bin ich eigentlich jemand, der nur mechanisch reagiert, jemand, der sich nur von Gefühlen, Bedürfnissen, Wünschen oder Vorstellungen steuern läßt?‹

Wenn wir dann in diesem Zusammenhang unsere Umwelt beobachten, werden wir finden, daß es Menschen gibt, die glücklich sind, die immer nur Gutes erleben, während bei anderen immer alles schiefgeht. Auch hier fragen wir uns, warum das so ist.

Die von uns beobachteten Tatsachen liegen in den einzelnen Individuen selbst, das heißt in ihrem Karma – oder genauer gesagt: in ihrem Haupt- oder Primärkarma – begründet.

Dann gibt es Gründe, die in der Außenwelt zu suchen sind, in der die jeweiligen Menschen leben, oder die mit der Zeit zusammenhängen, in welcher sie stehen. Wir haben es da mit dem Sekundärkarma zu tun.

Wir sind also nie ganz frei, vielmehr sind wir in einen Käfig gesperrt. Und wir fragen uns deshalb, wie wir aus diesem Gitterwerk herauskommen können. Denn ›gutes Karma oder nicht‹, sagen wir uns, ›in jedem Fall befinden wir uns in einem Käfig. Und selbst wenn es ein vergoldeter Käfig wäre, bliebe es ein Käfig‹. Was also ist zu tun?«

Dem Karma entfliehen?

»Um aus diesem Käfig von Ursachen und Wirkungen herauszukommen, müssen wir uns ›reinigen‹, das heißt

> wir müssen einmal unser Karma abbauen, oder, mit anderen Worten, wir müssen die Vergangenheit bewältigen,
>
> und wir müssen zugleich versuchen, kein oder möglichst wenig neues Karma aufzubauen.

Wie bewältigen wir nun unsere Vergangenheit?: Indem wir leben, wie es auf Grund unseres Primärkarmas vorgezeichnet ist; was heißt, indem wir unser eigenes Schicksal leben.

Es gibt nur ein Ziel, das ist die Entwicklung!

Und was ist denn Schicksal? Schicksal ist alles das, was dazu beiträgt, daß wir uns weiterentwickeln. Die einzelnen Punkte unseres Schicksals sind Entwicklungs-Faktoren.

Die Entwicklung wiederum findet statt, wie wir gehört haben, indem wir unsere schwachen Stellen meistern lernen, das heißt, indem wir unsere Unvollkommenheit überwinden. Diese sind ja die Widerstände, vor die uns unser eigenes Schicksal stellt – und die es zu überwinden gilt.

Solange wir also unser Schicksal nicht gemeistert haben, werden wir immer wieder mit den gleichen Problemen konfrontiert werden. Immer die gleichen Probleme sind es, die gleichen Situationen, immer und immer wieder . . .

Und wir werden immer wieder auf die Erde kommen wegen der gleichen Probleme, immer wieder . . . Wir tragen in uns ein bestimmtes Problem – oder mehrere Probleme –, die wir zu lösen haben – in diesem Leben oder in einem anderen.

Wenn Sie Ihr eigenes Leben richtig beobachten, dann werden Sie bemerken, daß sich immer wieder die gleichen Situationen, die gleichen Probleme, die gleichen Konstellationen wiederholen – solange, bis es für Sie keine Probleme mehr sind.

Und jeder hat seine eigenen Probleme, und bei jedem sind es andere. Und diese unsere eigenen Probleme gilt es zu meistern. Es sind dies die Unrundheiten in uns, die abgeschliffen, die Schmutzflecken in unserem Karma, die gereinigt werden müssen.

Und dieses Reinigen ist nur möglich durch Tun. Nur wenn wir *leben,* wenn wir *unser* Leben leben, können wir uns von unserem Karma reinigen. Das ist Entwicklung. Es gilt also, sein eigenes Schicksal zu leben!«

Die äußeren Freiheiten

»Bevor man sich auf die Suche nach innen, auf die Suche nach Harmonie begibt, muß man sich um die entsprechenden Voraussetzungen im äußeren, im materiellen Leben bemühen und sich die notwendigen äußeren Freiheiten verschaffen. Es kann keinen Fortschritt auf dem Weg zu innerlicher Befreiung geben, solange die Freiheiten in der Außenwelt zu beschränkt und die äußeren gesellschaftlichen und materiellen Beschränkungen nicht weitgehend abgebaut sind. In diesem Zusammenhang geht es um

- die Freiheit bei der Wahl seines Wohn- und Aufenthaltsortes;
- die Freiheit in der Wahl seines Berufs – mit der Möglichkeit, unterbrechen und wieder aufnehmen zu können;
- die Freiheit in finanzieller Hinsicht, was sich auch auf die materiellen Mittel bezieht, die man benötigt, um verreisen zu können, um nicht blockiert zu sein;
- die Freiheit, sich von gesellschaftlichen und familiären Bindungen lösen zu können;
- die Möglichkeit, sich mit seiner Umwelt austauschen zu können;

– die Möglichkeit, langfristige Verpflichtungen vermeiden zu können;

– das Sich-Loslassen-Können, die Gelassenheit;

– keine Beeinflussung;

– keinen Kredit;

– die ständige Gelegenheit, mit dem zu arbeiten, was man besitzt – oder aber seinen Besitz für andere Tätigkeiten oder einen neuen Anfang einsetzen zu können.«

Sein eigenes Leben leben!

»Damit wir unser eigenes Schicksal leben können, müssen wir uns aber ersteinmal freimachen vom sogenannten Sekundärkarma, das heißt von den Fremdeinflüssen aus unserer Umwelt. Ganz wird uns das nicht gelingen. Aber wir können versuchen, die Einflüsse auf ein Mindestmaß zu reduzieren.

Hier auf der Erde haben wir einen physischen Körper, der ›rein‹ sein sollte. Unter ›Reinsein‹ verstehen wir hier vor allem einmal, *daß alle Elemente aus uns entfernt werden, die wir nicht selbst sind:* Das sind zum Beispiel die Wünsche, Vorstellungen, Ratschläge der Menschen aus unserer Umgebung; das sind solche Elemente und Schwingungen, die uns von außen beeinflussen, die aber nicht aus uns selbst stammen.

Wir sollen also entsprechend unseren eigenen Ursachen leben und nicht entsprechend den Vorstellungen anderer. Sonst leben wir nicht unser Leben, sondern das Leben anderer Menschen.

Wenn wir aber das Leben eines anderen leben, dann helfen wir ihm damit durchaus nicht, im Gegenteil, wir verstärken sogar noch seine eigenen Schwingungen und damit das Karma, welches ihm anhängt! Denn *nur er allein kann sich von seinem Karma befreien – indem er selbst es lebt!*

Und noch etwas: Wenn wir das Leben eines anderen leben, können wir nicht unser eigenes Leben leben. Was geschieht dann aber mit *unserem* eigenen Erbe aus der Vergangenheit, unseren eigenen Ursachen?!

Wir leben ja nicht einmal lange genug auf dieser Erde, um alles reinigen zu können, was uns selbst betrifft. Besonders deswegen sollten wir uns *auf uns selbst* beschränken. Wir können nicht den ganzen Ballast der anderen auf uns nehmen.

Warum sage ich immer wieder ›Vereinfachen, vereinfachen – und zwar vereinfachen auf allen Gebieten!‹? Weil wir ein äußeres Leben führen sollten, das möglichst einfach ist, das also so eingerichtet ist, daß es möglichst wenig unnötigen, äußeren, fremden Einflüssen ausgesetzt ist.

Damit sind die oftmals unnötigen Gegenstände, mit denen wir uns umgeben, ebenso gemeint, wie ein zu aufwendiger oder zu komplizierter Ablauf unseres täglichen Lebens oder unnötige persönliche Bindungen. Denn alles dies lenkt ab. Es kostet unsere Aufmerksamkeit – und unsere Zeit! *Und wir haben nur beschränkte irdische Zeit zur Verfügung!*

Wir sollten ein Leben leben, das uns gehört, ein Leben, das so einfach ist, daß wir zu uns selbst finden und uns auf das beschränken können, was wir selbst sind, was uns selbst entspricht.

Wenn wir unser äußeres Leben so eingerichtet haben, wenn wir es also mit einem Minimum an Umständlichkeit und Aufwand führen können und die Einflüssen von außen möglichst weitgehend ausgeschlossen haben, und es kommt dann ein Gedanke, ein Wunsch, ein Gefühl in uns hoch – dann ist das, was da kommt, unser eigenes, dann kommt es aus unserem eigenen Inneren, hängt mit unserem eigenen Körper zusammen, mit unserer eigenen Vergangenheit, mit unserem eigenen Karma.

Dann können wir auch entsprechend reagieren: Wir spüren das Gefühl, wir stellen uns darauf ein, wir erkennen es, es wird uns bewußt – und wir können es überwinden und reinigen.

Wenn wir dagegen in einem ›großen Durcheinander‹ leben und wir dann zehn verschiedene Gefühle gleichzeitig in uns spüren – dann ist vielleicht nur ein einziges darunter, welches uns selbst angehört – dann handeln wir nicht so, wie wir selbst es wollen, sondern wie es die anderen wollen! Inwieweit haben wir dann an unserem eigenen Wesen, unserer eigenen Individualität gearbeitet?

Was also ist wichtig, was zählt so stark in diesem unserem Leben hier? *Vor allem ist es einmal notwendig, daß wir die Knoten und Verbindungen lösen, die uns an die anderen Personen binden,* jene Bindungen, die uns daran hindern, daß wir ›wir selbst‹ werden. Denn diese Bindungen fesseln uns an Ursachen und Umstände, die nicht die unsrigen sind. Sie verhindern, daß wir unser eigenes Karma leben und es so überwinden. Und nur das allein zählt.«

»Wir allein können nicht viel tun. Denn alle Vorstellungen, die wir hätten, wären ja notgedrungen wieder mental. Alle Vorstellungen, alle Systeme, vor allem alle technischen Systeme, alle Meditationstechniken und so weiter hätten deshalb nur einen sehr beschränkten Wert und brächten uns nur ein kurzes Stück weiter.

Und darum ist es interessant zu wissen, daß da, wo wir selbst nichts tun können, andere Kräfte am Werke sind und uns helfen. Diese Kräfte sind nicht nur da; wir können sie auch bereits spüren – sie sind schon sehr aktiv!«

Es wird uns geholfen

»Und jetzt kommt noch eine interessante Frage: Glauben Sie, daß Sie Ihr eigenes Karma kennen? Können Sie selbst beurteilen, was für Sie selbst gut und was für Sie nicht gut ist? Nein! Natürlich können Sie das nicht!

Und was ergibt sich daraus? Wenn wir selbst schon nicht sagen können, was für uns gut ist und was nicht – wie soll das dann erst ein anderer können?! *Je mehr die anderen mitsprechen, umso weniger finden wir uns selbst!*

Daraus ergibt sich noch etwas: Wenn wir unsere karmischen Belastungen nicht kennen, *können wir uns auch nicht selbst von den Wirkungen dieser Belastungen, das heißt von unserem Karma, befreien.*

Was wir da nur tun können, ist, unser Leben so einzurichten, daß uns von höheren Daseinsebenen aus geholfen werden kann. Wir können uns sozusagen auf die richtige Straße stellen und uns mitnehmen lassen.

Denn vergessen Sie das Wichtigste nicht:

Wenn wir uns weiterentwickeln wollen, das heißt, wenn wir uns reinigen wollen – und dies nicht nur auf der materiellen Ebene – *dann helfen uns dabei Kräfte aus höheren Dimensionen!*

Was aber können wir selbst tun? – Immerhin gibt es bestimmte Gesetze, die wir kennen, und bestimmte Voraussetzungen, die wir schaffen sollten, damit uns geholfen werden kann.

Diese Gesetze und Voraussetzungen – es sind dies unter anderem die ›Äußeren Freiheiten‹ (Seite 38) – tragen zuerst einmal dazu bei, *daß wir unser eigenes individuelles Leben leben.*

Außerdem erwarten die Kräfte, die uns helfen wollen, von uns ein gewisses Verständnis, oder besser noch, eine gewisse Empfindsamkeit und Empfangsbereitschaft.

Empfindsamkeit und Bereitschaft sind die Voraussetzungen dafür, daß diese Kräfte in uns arbeiten können und wir sie in uns wahrnehmen, daß wir – was ist es anderes? – *daß wir uns in uns selbst wahrnehmen!*

Deshalb sollten wir bemüht sein um ein Gleichgewicht zwischen innen und außen, das heißt um eine Ausgewogenheit zwischen Handeln und Nichthandeln. Es sollten die Gewichte gleichmäßig verteilt sein zwischen dem, was wir in der Außenwelt tun, und der Suche in unserem eigenen Inneren:

Wir sollten öfter stille sein, in uns hineinhorchen, in uns selbst ruhen! Damit wir lernen und fühlen können, was *in* uns passiert. Damit wir *unsere* Vorstellungen, *unsere* Ideen, *un-*

sere Gefühle und *unsere* Stimmungen beobachten und kennenlernen können.«

»Der Körper ist dazu da, der Seele das Leben auf diesem materiellen Plan zu ermöglichen.«

»Die Seele nimmt sich also einen Körper, um ein bestimmtes Schicksal zu leben.

Und sie kommt auf die Erde für eine ganz spezielle Mission.

Lassen Sie mich das an einem einfachen Beispiel erklären: Eine Seele in ihrem Körper fährt eines Tages auf einem Schiff über den Atlantik. Unterwegs gibt es einen Zusammenstoß mit einem anderen Schiff, und die betreffende Person rettet dabei einen der Passagiere, der eines Tages vielleicht ein Genie werden wird. Die Mission dieser Seele könnte es also gewesen sein, diese Handlung, die Rettung dieses Genies, auszuführen.

Nun kann es vorkommen – es ist sogar meistens so –, daß der Körper der Mission der Seele große Schwierigkeiten entgegenstellt, weil eben der physische Körper seinerseits bestimmte Belastungen (Sekundärkarma) mitbringt, die zum Beispiel mit der Familie zusammenhängen können, in die er hineingeboren wurde.

Ansich besitzt die Seele einen Körper, damit dieser ihr bei der Erfüllung ihrer Aufgabe diene.

Der Körper aber ist dafür nicht optimal geeignet, denn er

ist nicht frei, ist nicht ohne Ego; die Belastungen bremsen ihn. Und wenn es einmal darauf ankommt, kann die Seele unter Umständen nicht handeln – weil der Körper nicht mitmacht, weil er eigene Wege geht. Die Seele kann dann ihre Mission nicht erfüllen.«

»Und zwar, weil der Körper zu mächtig ist,weil
weil er ein Eigenleben entwickelt hat?«

»Weil der Körper zu mächtig und zu schwer ist, weil der Körper ein Ego hat. Der Körper bringt zum Beispiel einen gewissen Stolz mit. Stellen wir uns deshalb jetzt vor, daß die Seele eine bestimmte Handlung ausführen will. Doch der Körper hindert sie daran, weil er seinen Stolz nicht überwinden kann – und die Handlung unterbleibt! Die Seele konnte nicht handeln, wie sie wollte. Und das wird nicht gut sein, weder für sie selbst noch für die anderen Menschen.

Man kann sagen, daß es in diesem Falle keine Übereinstimmung zwischen dem Leben der Seele und dem Leben des Körpers gab.«

Das Ziel: Das Leben des Geistes im Körper

»Der Körper ist dazu da, der Seele das Leben auf der materiellen Ebene, das heißt in einem materiellen Körper auf der materiellen Erde zu ermöglichen. Der Körper soll also das

Leben der Seele leben. Meistens jedoch muß die Seele das Leben des Körpers leben.

Leider ist es zur Zeit noch so, *daß die Seele, dieses kosmische Wesen,* den Bewegungen des Körpers und seinen Gesetzen folgen muß.

Der Körper wird motiviert durch sein Karma und sein Ego, und das sind seine Vorstellungen, seine Wünsche, sein Begehren; und das kosmische Wesen muß diesem Körper folgen, einem Körper, der letztendlich doch ein primitiver, ein grobstofflicher Körper ist. Und das entspricht nicht dem Ziel der Entwicklung und geht auf die Dauer auch nicht gut.

Unser heutiger Körper ist ein Körper der Wünsche. Unser irdisches Leben baut sich auf Wünschen auf, und die Wünsche sind die Verbindung zwischen Vergangenheit und Zukunft. Die Wünsche haben unsere Vergangenheit geschaffen, damit unsere Gegenwart – und sie schaffen unsere Zukunft.

Denn heute gestalten wir die Zukunft dadurch, daß wir Wünsche haben und diese Wünsche auf die Zukunft projizieren. Unsere Zukunft wird also von unseren heutigen Wünschen bestimmt.

Man sagt, daß es ohne Wünsche kein Leben gibt. Das ist insoweit wahr, als daß es ohne Wünsche nicht das Leben des heutigen materiellen Körpers gibt.

Aber sobald der Körper keine Wünsche mehr hat, sobald also das Eigenleben dieses Körpers zu Ende geht, dann kann das Leben der Seele beginnen – das Leben des Geistes im Körper.

So ist es extrem ausgedrückt. Natürlich gibt es auch einen Rhythmus dieses Lebens, wie wir es kennen, in welchem die Wünsche des Körpers eine gewisse Befriedigung erlangen müssen. Aber sowohl die Wünsche als auch deren Befriedigung sollten sich im Rahmen halten.

Und wichtig ist vor allem, daß es sich dabei *immer nur um die eigenen Wünsche handelt, und daß man diesen nicht die Wünsche der anderen hinzufügt.*

Wir müssen zu unterscheiden lernen zwischen den eigenen Wünschen und den kollektiven Wünschen, dem kollektiven Ego. Unsere Wünsche und unser Karma hängen eben eng zusammen. Und neue Wünsche bedeuten neues Karma...«

Des Menschen Wollen ist frei

»Was ist also Karma? Der Begriff Karma schließt vieles ein. Ein Karma ist letztlich alles, was uns an die Materie bindet – oder anders ausgedrückt – es ist etwas, was uns vom Göttlichen trennt.

Das Karma ist eine Folge von Ursachen. Unser Leben ist eine Folge von Ursachen. Und wenn wir es von einer anderen Ebene aus sehen, dann ist alles eine Folge von Vibrationen. Jedes einzelne Individuum ist eine Folge verschiedener Vibrationen.«

»Kann man sagen, daß unsere Seele eine Art Grundschwingung ist, und daß das Karma diese Grundschwingung überlagert?«

»Nein, das ist anders... Wir müssen das etwas größer sehen... Ich sagte einmal, daß es verschiedene Existenzebenen gibt. Diese Existenzebenen stehen in Verbindung mit den sieben Energiezentren oder Chakras. Das Wesen Mensch existiert auf allen sieben Ebenen, und es hat auf allen diesen Ebenen ein Karma:

Wir leben nicht nur auf der Erde, wir leben auf mehreren Existenzebenen gleichzeitig. So haben wir auch Ursachen, und das ist Karma, auf mehreren dieser Ebenen. Und alle Ebenen hängen zusammen.

Die auf Abbildung 2 per Symbol dargestellte Vibration unten steht für unser irdisches Karma. Dann, darüber, gibt es verschiedene Existenzebenen oder Zwischenwelten, jeweils mit ihrem Karma. Und es gibt das Seelenkarma.

Es gibt aber auch ein kosmisches Karma.

DAS KARMA

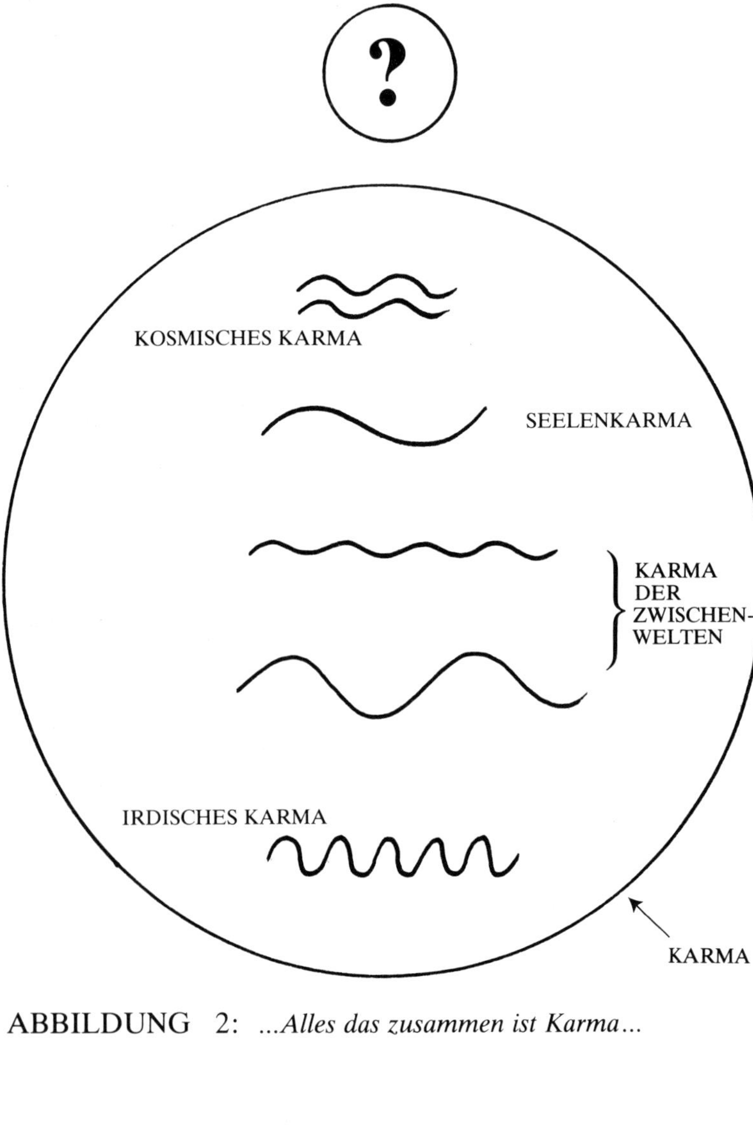

ABBILDUNG 2: *...Alles das zusammen ist Karma...*

Alles das zusammen ist Karma. Alle Welten besitzen ein Karma.«

»Das heißt, daß es nichts gibt, was nicht dem Gesetz des Karmas unterworfen ist – sei es hier auf der irdischen Ebene, sei es auf anderen Ebenen?«

»So ist es. Auf allen Existenzebenen können Ursachen geschaffen werden. Also gibt es auch überall dort Karma, das heißt Wirkungen dieser Ursachen. Und die einzelnen Ebenen hängen zusammen und gehen ineinander über. Man kann nicht streng zwischen der einen und der anderen Ebene trennen. Ursachen aus einer Ebene haben Auswirkungen auf eine andere.

Es gibt nur einen Punkt, der ohne Karma ist – es ist dies der Ursprung von allem, (dargestellt in Abbildung 2 durch das große Fragezeichen). Wir können uns dieses Etwas nicht vorstellen... Diese... Wesenheit... hat keine Form, und sie hat keinen Namen... Sie ist Leben, und sie ist still; sie ist die Fülle, und sie ist leer... Wie können wir uns das vorstellen?...«

»Kann man sagen, daß dies der Schöpfer von allem ist – und auch die letzte Ursache allen Karmas?«

»Man kann sagen, daß diese Wesenheit der Schöpfer ist,

der Schöpfer der Welt. Es ist der Ursprung von allem – und doch ... ist er deswegen auch verantwortlich für alles, was auf der Erde passiert?

Nun, das ist durchaus nicht sicher! *Der Mensch kann sich frei entscheiden, in welche Richtung er gehen will.*

Das Schicksal des Menschen ist festgelegt auf Grund der Ursachen, die er selbst geschaffen hat. Auf Grund seines Egos, seiner Wünsche, seines eigenen Wollens hat er sein Schicksal bestimmt.

Dabei schafft er ständig neue Verwicklungen, neues Karma und damit auch sein zukünftiges Schicksal – weil sein eigenes Wollen nicht ›rein‹ ist.

Sein Wollen ist dennoch frei, er kann sich immer wieder frei entscheiden...

Kann man sich vorstellen, daß der Schöpfer dieser Welten nicht verantwortlich ist für das, was sich in ihnen abspielt?

Und können wir uns überhaupt vorstellen, daß der Schöpfer eine solch unendliche Güte besitzt, daß er seinen Geschöpfen so viel Freiheit läßt, sogar die Freiheit, sich gegen ihren eigenen Schöpfer zu wenden?!...

Ist das alles nicht wunderbar...?!«

»Entwicklungsstufen:
Loslassen der äußeren Wünsche und Begierden (Ego),
Ausgewogenheit von Tätigkeit und Ruhe,
Ausgewogenheit von Innen und Außen,
Umkehr der Wünsche in Richtung Inneres Selbst,
Ausrichtung nach innen, Verinnerlichung,
Steigerung des Potentials.«

2

Die Schwingungsebenen der Seele

»›Jede Seele gehört einer spezifischen Schwingungsebene an, und das Ziel der Entwicklung besteht darin, auf höhere Ebenen zu gelangen‹ (siehe Seite 14). Wie ist das zu verstehen?

Wenn wir Abbildung 3 betrachten, so können wir uns die verschiedenen Schwingungsebenen der Seele vorstellen. Die Entwicklung geht nun von ›unten‹ nach ›oben‹, das heißt von gröberen zu immer feineren Schwingungen.

Die Seelenschwingung unten – auf der Abbildung (a) – ist gröber, es gibt mehr auf und ab, das Ego ist stärker, die Umwege sind größer, die Seele muß noch einiges mitmachen. Der Mensch mit dieser Schwingung ist auch hektischer, genauso wie die Schwingung es anzeigt.

Ein Mensch mit der Seelenschwingung (b) dagegen ist aus-

DIE SEELENSCHWINGUNG

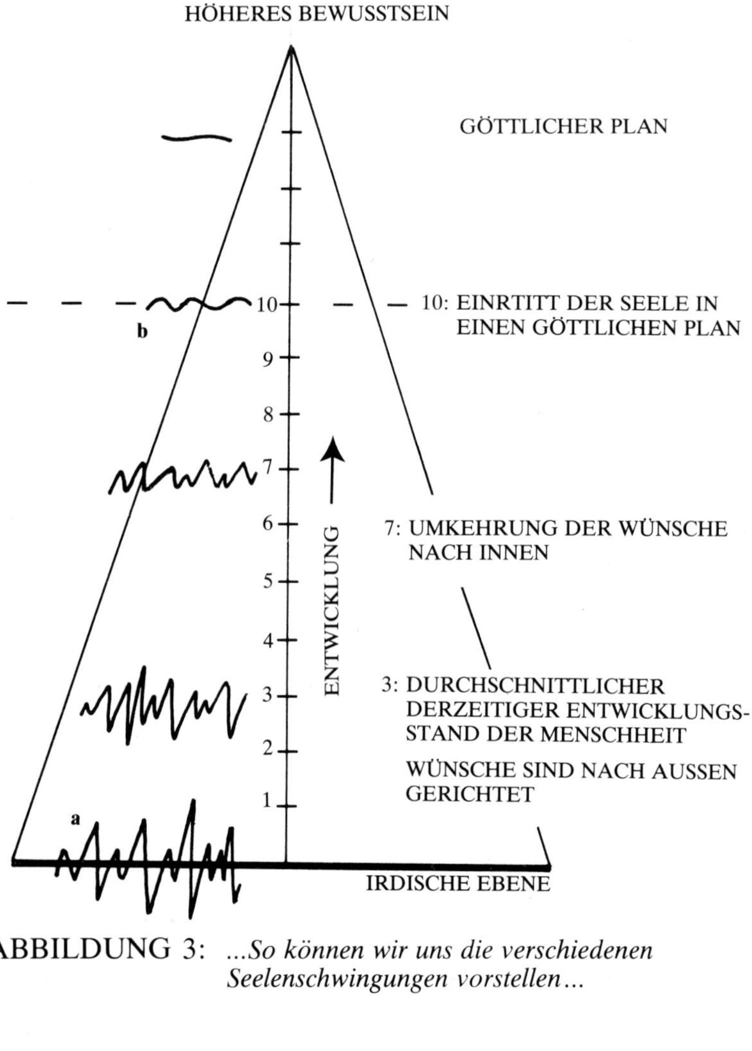

ABBILDUNG 3: *...So können wir uns die verschiedenen Seelenschwingungen vorstellen...*

geglichener, weicher, anpassungsfähiger – und trotzdem mehr Individuum. Er kann nach innen hören und wird von der Außenwelt weniger stark abgelenkt. Er lebt sein eigenes Schicksal, er lebt gemäß den Schwingungen seiner eigenen Seele.«

Wir können uns das ganze auch so vorstellen: Um auf unserer irdischen Existenzebene leben und handeln zu können, muß sich die Seele den Umweltbedingungen anpassen. Sie braucht einen Anzug, einen Raumanzug, der den physikalischen Bedingungen auf unserem Planeten angepaßt ist. Ein solcher Anzug ist unser Körper. Dieser verfügt über Sinne, ein Nervensystem und *einen Steuerungsmechanismus – unser Verstand oder Mental –*, damit der Körper in der Außenwelt handeln kann.

Die Materie, in unserem Fall unsere ›Mutter Erde‹, bietet also der Seele das ›Baumaterial‹ für diesen Körper – und damit die Möglichkeit, sich für eine bestimmte Zeit der Entwicklung in ihr aufzuhalten, *dort bestimmte Aufgaben zu erfüllen und dabei zu lernen und sich weiterzuentwickeln.*

Und während deren Entwicklung auf der Erde kann sich die Schwingungsfrequenz der Seele verfeinern.

Wir können uns weiter vorstellen, daß das Leben der Seele in einem irdischen Körper – so wie wir das menschliche Leben kennen – überhaupt erst ab einem bestimmten Entwicklungsgrad beginnen kann.

»Lassen Sie uns diesen Entwicklungsgrad mit ›Seelenschwingung null‹ (Abbildung 3) definieren. Und mit ›Seelenschwingung zehn‹ definieren wir dann die Entwicklungsstufe, auf der etwas anderes beginnt, *wo die Seele in einen neuen Plan eintritt.*

Zwischen ›null‹ und ›zehn‹ kommt die Seele immer wieder auf die Erde, um zu lernen, um sich zu entwickeln und um dabei eine Mission zu erfüllen.«

> »Auf welchem entsprechenden Niveau befindet sich die Menschheit heute?«

»Die Menschheit befindet sich heute auf einem durchschnittlichen Niveau von ... ›drei‹, manchmal nicht einmal von drei ... Aber das variiert natürlich ... In Mitteleuropa liegt der Durchschnitt bei 3,5. Es gibt aber auch Länder, die schon etwas weiter sind, und solche, die noch nicht so weit sind.

Nun können wir uns auch vorstellen, daß bei verschiedenen Niveauhöhen unterschiedliche Interessen vorherrschen:

Je gröber eine Schwingung ist, das heißt bei ›zwei, drei, vier‹, um so mehr lebt der Mensch das Leben des Körpers. Hier muß die Seele noch kämpfen, es ist noch alles in ihr: alle Probleme des täglichen Lebens, der Politik, des Sex und so weiter – *und vor allem das Haben-Wollen.* All das spielt noch eine große Rolle, spielt noch *die* Rolle im Leben eines solchen Menschen.«

Die Umkehrung nach Innen

»Später wird die Schwingung immer feiner und ausgeglichener. Zunehmend wirkt das Höhere, das Göttliche Bewußtsein in das Leben des Menschen hinein. Starke Kräfte ziehen, reinere Impulse kommen, die Intuition wird deutlicher…

Und bei Seelenschwingung ›*sieben*‹ ändert sich dann etwas Wichtiges: Hier wenden sich die Wünsche oder das Bestreben des Menschen nach innen. Er hat plötzlich Interesse an anderen Dingen, nicht mehr nur an solchen des materiellen Körpers. Eine Umstellung, eine grundsätzliche Umstellung findet statt; er bekommt plötzlich Interesse für etwas, wofür er noch vor wenigen Jahren kein Verständnis hatte.

Nicht nur, daß seine Umwelt ihn nicht mehr versteht – auch er selbst versteht sich nicht mehr.

Er fühlt sich dabei nicht mehr wohl; einerseits hängt er noch an der Vergangenheit, aus Sentimentalität, aus Gewohnheit – die Gewohnheit ist eine sehr starke Bremse –, andererseits fühlt er sich schon zu neuen Dingen, zu neuen Interessengebieten hingezogen.

Wenn wir dies wissen und uns beobachten, fällt es uns leichter, die richtigen Konsequenzen daraus zu ziehen – *und mit vollem Bewußtsein ein neues Leben zu beginnen …*

Und interessant wird es dann, wenn wir auf ›Seelenschwingung zehn‹ kommen. Wir haben definiert, daß dies die Entwicklungsstufe der Seele ist, auf der etwas anderes passiert‹. Dies ist so gemeint:

Die Seele hat bei ›zehn‹ einen Entwicklungsstand erreicht, an dem ihr weiterer Aufenthalt in einem irdischen Körper *für die Zwecke ihrer eigenen Entwicklung* nicht mehr erforderlich ist.

Das Leben auf diesem Planeten Erde ist für die Seele eine Art Schule. Die Seele lernt hier ihre Lektionen. Und bei ›Seelenschwingung zehn‹ hat sie sozusagen ›das Klassenziel erreicht‹. Es besteht dann für sie keine Notwendigkeit mehr, auf der Erde zu bleiben... In früheren Zeiten konnte dies der Zeitpunkt sein, zu dem man seinen irdischen Körper verließ – zum Beispiel beim Tod auf Grund eines Unfalles oder einer Krankheit –, um die Entwicklung auf anderen Ebenen fortzusetzen.

So sieht es, vereinfacht dargestellt aus – es kommen noch andere Elemente hinzu –, aber man kann schon grundsätzlich davon ausgehen, daß ein Mensch bei ›zehn‹ die irdische Entwicklungsmöglichkeit ausgeschöpft hat.

Um dasselbe unter Bezugnahme auf das Karma zu sagen: Er besitzt dann kein irdisches Karma mehr; es besteht dann für ihn keine Notwendigkeit mehr, den Zwängen des irdischen Karmas zu folgen. Er kann dem Gesetz des irdischen Karmas entweichen.

Und da der Mensch nicht nur seiner eigenen Entwicklung wegen auf der Erde weilt, sondern, wie gesagt, auch, um bestimmte Aufgaben auszuführen, hat er ab ›Seelenschwingung zehn‹ die Möglichkeit, nur noch diesen Aufgaben zu leben: Er ist dann nur noch Werkzeug, er tritt dann, so kann man sagen, einem Göttlichen Plan bei. Er hat dann besondere Aufgaben zu erfüllen...

Heute haben immerhin schon eine ganze Reihe von Menschen diesen Entwicklungsstand erreicht – nur sind sie sich dessen nicht bewußt. Es sind dies Menschen, die sich nirgends mehr richtig zugehörig fühlen, Menschen, die ›ein neues Leben beginnen‹, die frei geworden sind.

Es handelt sich hier um Menschen, die ihre Bindungen zu ihrer bisherigen Umwelt, zu ihren Familien, zu ihrem Haus, mehr und mehr verlieren, um Menschen, die frei geworden sind ...

Dort beginnt der neue Mensch!

Bei ›zehn‹ kommt man in engeren Kontakt zu anderen Ebenen. Man spürt etwas in sich, was sich löst. Man sieht die Umwelt mit anderen Augen. Man spürt plötzlich in sich den Drang, etwas Bestimmtes zu tun, ohne daß man so richtig versteht, was eigentlich in einem vorgeht.

Man ist mit sich und mit seiner Umwelt unzufrieden. Der Beruf befriedigt nicht mehr. Man sucht. Man sucht überall –

im allgemeinen in der Außenwelt, da man ja nicht weiß, daß es sich hier um einen Vorgang im Inneren handelt, daß sich im eigenen Inneren etwas geändert hat.

Denn nicht das Äußere hat sich geändert – das eigene Innere ist es, was Fortschritte gemacht hat und die Welt jetzt mit anderen Augen sieht und sich neu orientieren möchte.

Fragen werden gestellt, vieles wird infrage gezogen, neue Antworten werden gesucht...

Und noch etwas ereignet sich dann: ›Man hat keinen Platz mehr auf der Erde‹. Was heißt das? Das heißt, daß man sein Schicksal hier auf der Erde erfüllt hat. Wenn man jetzt noch länger auf der Erde bleibt, freiwillig oder aus anderen Gründen, unbewußt natürlich, dann hat man keinen Platz mehr. Man ist nirgends mehr zu Hause, und man zieht herum und fühlt sich herumgetrieben. Man verliert sein Zuhause, verliert die Bindung an sein Haus! Man sucht ein anderes Haus. Und Sie können davon ausgehen, daß ein Mensch, der heute ›auf zehn‹ kommt, gleichzeitig auch den Wunsch in sich spürt, umzuziehen oder sich ein anderes Haus zu kaufen.«

Gleiches zieht Gleiches an

»Wir haben gesehen, daß die Seele eine bestimmte Schwingung besitzt, und wir wissen auch, daß sich gleiche Schwingungen anziehen. Wir sprechen ja von Sympathie-Schwingungen oder sagen ›Gleiches zieht Gleiches an‹.

Menschen mit gleicher Seelenschwingung gruppieren sich nun ebenfalls, ohne es zu wissen. Nehmen wir an, Sie haben ›Seelenschwingung vier‹, dann sind Sie mit Menschen zusammen, die ebenfalls zur Gruppe ›vier‹ zählen. Wachsen Sie weiter auf ›fünf‹, dann orientieren Sie sich unbewußt neu: Sie lösen sich von Ihrem bisherigen Bekanntenkreis und werden von Menschen angezogen, die ebenfalls auf ›fünf‹ sind. Ganz von allein treffen Sie jetzt auf Menschen mit ›fünf‹. Dasselbe wiederholt sich bei ›sechs‹ und ›sieben‹ und ›acht‹ und so fort.

Das gleiche trifft auch zu auf vieles in Ihrem äußeren Leben: Bei ›Seelenschwingung vier‹ lesen Sie beispielsweise ein bestimmtes Buch. Dann entwickeln Sie sich weiter auf ›fünf‹ und haben jetzt Interesse für eine andere Art von Büchern. Auch Bücher entsprechen einer bestimmten Schwingungsebene. Diese hängt ab von demjenigen, der das Buch geschrieben hat. Jedes Buch strahlt etwas aus, und man fühlt sich von ihm angezogen oder abgestoßen.

Dies gilt genauso für das Hobby eines Menschen oder für seine Wohnung ... für alles. Man steigt selbst von einer in die andere Schwingungsebene – und man wechselt daraufhin den Freundeskreis, den Beruf, sogar die Wohnung und die Umgebung. Denn es gibt auch Unterschiede zwischen den einzelnen Orten, und unbewußt fühlen wir uns von solchen Orten angezogen, die unserer gegenwärtigen Seelenschwingung entsprechen.«

»Mit welcher Geschwindigkeit entwickeln
wir uns eigentlich?«

»Nun, wir müssen unterscheiden zwischen der Geschwindigkeit, wie sie bisher stattfand, und der Geschwindigkeit heutzutage. Früher brauchte man, um von ›null‹ auf ›zehn‹ zu kommen, unter Umständen einige hundert Leben. Aber heute geht das schneller. Um früher von 5,0 auf 5,5 zu kommen, brauchte man ... vielleicht zehn Leben. Manchmal ging es schneller, meistens viel langsamer. Und jetzt werden Sie sich vorstellen können, was es bedeutet, wenn heutzutage ein Mensch die gleiche Entwicklung in wenigen Jahren durchmacht!

Früher blieb man ein Leben lang in seiner Umgebung, man heiratete, hatte Kinder, saß in seinem Lehnstuhl, rauchte die Pfeife, war zufrieden ... Wenn man dann starb, hatte man einen ganz kleinen Schritt nach vorn getan. Das war ein normales Leben – früher.

Aber heute ist das anders. Heute befindet sich ja alles auf der Erde in einer Phase der schnelleren Entwicklung – auf Grund der neuen Energie, die auf die Erde einwirkt.

Weil wir gerade von der Geschwindigkeit der Entwicklung sprechen, ist es vielleicht interessant, noch etwas zu wissen: Ich sagte schon, daß wir nicht allein stehen, sondern auf einer Ebene zusammenhängen und uns gegenseitig beeinflussen. Das gilt auch für die Seelenschwingung.

Und daraus folgt dann, daß sich Menschen in Gruppen langsamer entwickeln:

Da sich die Seelenschwingungen angleichen, kann jemand, der sich schneller entwickeln möchte – oder besser, der eigentlich die sonstigen innerlichen Voraussetzungen dazu hätte –, dennoch nicht schneller vorankommen, als die Gruppe, in der er lebt, weil eben jene Trägheit der Gruppe vorhanden ist.

Andererseits aber kann ein Mensch mit niedriger Seelenschwingung, wenn er sich einer Gruppe mit höherer Seelenschwingung anschließt, von dieser Gruppe ›mitgenommen‹ werden. Er hat die Chance eines schnelleren Fortkommens.«

Seelenschwingung und Ego

»Hat ein Mensch mit einem starken Ego auch
eine niedrigere Seelenschwingung?«

»Oft ist es so, aber es muß nicht so sein. Es kann sein – vor allem in unserer heutigen Zeit mit der besonderen Unterstützung aus ›dieser anderen Welt‹ –, daß auch Menschen mit einer niedrigeren Seelenschwingung, mit ›drei‹ oder ›vier‹ zum Beispiel, fast kein Ego mehr besitzen.«

»Was passiert mit einem solchen Menschen?
Entwickelt er sich schneller?«

»Nehmen wir an, ein Mensch mit ›Seelenschwingung vier‹ habe kaum noch ein Ego. Er ist dann ›in Null‹. Er ist damit dem Höheren Bewußtsein direkt angeschlossen, und die Intuitionen kommen relativ unverfälscht an. Er bewegt sich dann auf einer geraden Straße seines Schicksals (siehe Abbildung 1, Linie a), ohne unnötige Umwege.

Und was ist dann die Konsequenz? Er entwickelt sich schneller, sein Leben ist weniger mit Leid durchsetzt, seine Seelenschwingung steigt schneller.

Aber – und das sollte man wissen – er bekommt dann neue Wünsche; er verliert zwar das Interesse an bestimmten Dingen, bekommt aber auch neue Wünsche.«

»Sein Ego baut sich also wieder auf?«

»Ja schon, aber dieses Ego dann wieder abzubauen, ist einfacher. Dieses Ego, welches nach außen zieht (Abbildung 4, Pfeil 1), wird – wie von einem starken Gummiband – wieder zurückgezogen (siehe Abbildung, Pfeil 2).

Die Entwicklung ist eine stufenweise: Höherentwicklung der Seelenschwingung (siehe Abbildung, Pfeil 3), gleichzeitig mit Neuaufbau von Ego (Pfeil 1) – das sind neue Interessen und neue Wünsche. Aber das ›Gummiband‹ zieht diese wieder zurück, denn die neuen Interessen und Wünsche sind ›weicher‹; man hängt nicht mehr so fest daran, man ist eher bereit, sie wieder aufzugeben. Und da das Höhere Bewußtsein ständig ›nach oben zieht‹, entwickelt sich die Seele wieder ein wenig weiter, sobald das Ego losgelassen hat.

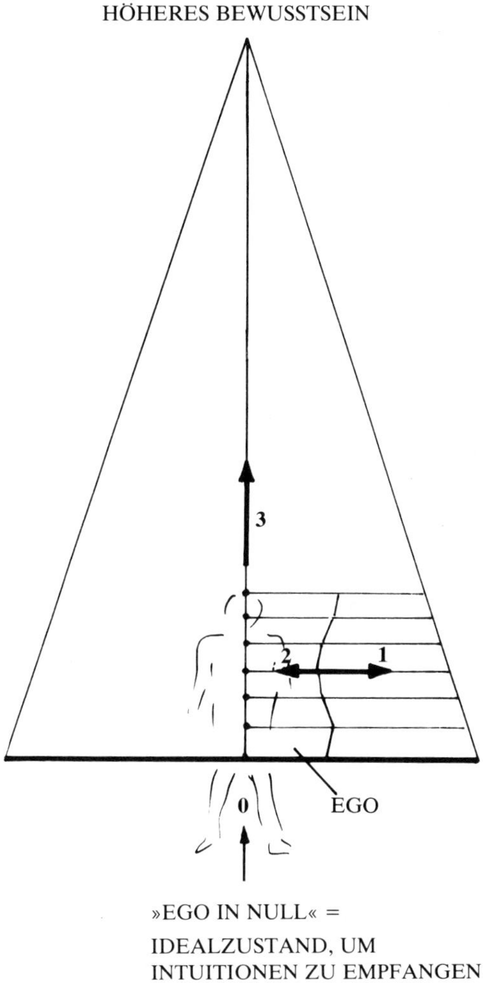

ABBILDUNG 4: *... Dieses Ego, welches nach außen zieht, wird – wie von einem starken Gummiband – wieder zurückgezogen ...*

So geht es immer fort: Neues Ego baut sich auf und baut sich schneller wieder ab. Man klammert sich nicht mehr an die neugewonnenen Wünsche und auch nicht an neugewonnene Vorstellungen. Man sucht weiter, man ist offener – man gibt dem dauernden ›Drang nach oben‹ leichter nach. Damit ist wieder ein Schritt nach ›oben‹ getan. Danach zwar wieder neue Wünsche, neues Ego und so weiter, und so weiter.

Wer dann aber einmal ›in Null‹ war, für den ist der Kontakt geschaffen – alles geht jetzt viel einfacher, alles ist viel weicher, das Ego ist ›weicher‹ geworden.

Das heißt bei höherer Seelenschwingung, also bei fortgeschrittener Entwicklung, gibt es durchaus auch ein Ego, aber das Ego ist jetzt ›weicher‹ geworden; es ist nicht mehr im gleichen Maße bestimmend für das Handeln dieses Menschen wie früher, und es ist leichter wieder zu verlieren. Das Ego ist jetzt ›durchlässiger‹ für das Wollen der Seele.

Je weiter wir hier unten sind (siehe Abbildung 3), um so toter sind wir und um so abhängiger sind wir von den Dingen des äußeren Lebens. Je weiter wir aber nach oben steigen, um so lebendiger werden wir, um so mehr werden wir wir selbst, um so leichter dirigiert uns unsere Seele und um so besser erkennen wir in uns, was wir sind.«

»Sie leben dann erst Ihr Leben, wenn Sie ein Maximum Ihrer Intuition leben.

Aber dazu müssen Sie ›in Null‹ sein, denn sonst leben Sie Ihre Wünsche und Ihre Vorstellungen!

Sie müssen sehr achten auf den Unterschied zwischen ›Ihrer Intuition leben‹ und ›Ihren Wünschen leben‹. Letzteres wird Sie immer in eine Einbahnstraße führen.«

3

Die Körperschwingung

Der Körper soll der Seele bei der Erfüllung ihrer Aufgaben dienen. Aber der Körper – ein irdischer Körper und den Gesetzen der Materie unterworfen – ist zu träge, zu schwerfällig, zu eigenwillig, als daß er der Seele optimal dienen könnte.

Hinzu kommt das Mental und dessen Belastungen beziehungsweise Bindungen an Erziehung, Umwelt, Gehirnfunktionen. Auch das Mental ist ja den Beschränkungen dieser physischen Daseinsebene und ihren Gesetzen unterworfen.

Der Körper mit seinem Mental lebt ein Eigenleben. Er soll Mittel zum Zweck sein – ist aber auch Selbstzweck. Will die Seele eine bestimmte Aufgabe durchführen, dann bremst der Körper diese Durchführung, er »spricht mit«.

Die Seele hat sich den materiellen Körper genommen, um auf dem materiellen Plan wirken zu können. Doch der

›Raumanzug‹, dieses Hilfsmittel, darf nicht zu einer undurchlässigen, unbeweglichen Ritterrüstung werden, deren Schwerfälligkeit bestimmte Handlungen einfach nicht zuläßt.

Das Ziel der Entwicklung ist, diese Schwerfälligkeit, diese Eigengesetzlichkeit des Körpers – und des Mentals – zu überwinden. Dieses »Mitsprechen« des Körpers soll auf ein Mindestmaß reduziert werden. Er soll »durchlässiger«, »transparenter«, »weicher» werden. Er soll mitgehen, wohin die Seele gehen möchte. Seine Einflußnahme auf das Wollen der Seele soll reduziert werden.

Das Ziel ist also, die Trägheit des Körpers und des Mentals zu vermindern, sein Ego auszuschalten und gleichzeitig die Bereitschaft zum Mitgehen zu vergrößern. Er muß also empfangsbereiter werden für die feinen Impulse, er muß auch »höher schwingen«.

»Nun gibt es nicht nur eine Seelenschwingung, es gibt auch eine Körperschwingung. Eigentlich gibt es noch mehr: Es gibt ja außer der Seele und unserem jetzigen Körper noch mehr Existenzebenen, doch wir wollen das Ganze nicht zu kompliziert machen:

Der Körper soll das Leben der Seele leben. Dazu muß er gereinigt oder, mit anderen Worten gesagt, ›*transformiert*‹ sein.

Je intensiver das Höhere, Göttliche Bewußtsein auf den

Körper einwirkt, um so höher steigt die Körperschwingung.«

»Was kann man selbst tun, um seine Körperschwingung zu erhöhen?«

»Der erste Schritt ist, daß wir uns der Trägheit des Körpers, das heißt seiner Beschränkungen, seiner Wünsche und Begierden – das ist sein Ego – überhaupt einmal bewußt werden.

Eine höhere Körperschwingung zu haben bedeutet, über eine höhere Sensibilität zu verfügen. Nun, ich sagte, daß man ›dahinter sehen‹, daß man mehr erahnen soll. Der Körper muß sensibler werden.«

»Trägt zum Beispiel eine besondere Ernährungs- und Lebensweise dazu bei, eine höhere Sensibilität des Körpers zu erreichen?«

»Nein, verstehen Sie doch! Es geht nicht darum, mit Mitteln der Materie, das heißt von außen, auf das Innere einzuwirken. Es muß umgekehrt gehen; die Außenwelt ist doch die Schöpfung unseres Inneren. Natürlich kann es nicht schaden, wenn man zum Beispiel kein Fleisch ißt oder nicht raucht. Aber da handelt es sich um Ablenkungen, um unnötige Umwege; damit ist es so, wie wenn Sie sich bemühten, einen winzigen Stein vor dem Reifen eines 50-Tonnen-Lastwagens wegzuräumen. Die Relationen hierbei stimmen nicht.

Immer wieder denkt man, daß das, was man anfassen kann, wirkungsvoller ist als das Innere. So ist es nicht, es ist umgekehrt! Verschwenden wir doch unsere Energie nicht damit, das kleine Steinchen wegzuräumen. Dazu haben wir *heute* keine Zeit mehr. Die Kraft dahinter, der 50-Tonnen-Lastwagen, will kommen und uns helfen!«

»Das heißt: einfach geschehen lassen?«

Keine Techniken!

»Natürlich! Einfach geschehen lassen! Sehen Sie, *unser Mental sucht Techniken. Das ist die Arbeitsweise des Mentals.* Wie glücklich wären Sie jetzt, wenn ich Ihnen sagen würde, daß Sie lediglich die und die Übungen machen müßten, dies und jenes essen sollten! Aber heute ist das anders: Keine Techniken, kein Mental, normal sein! Darum geht es doch gerade:

Entspannen Sie sich, denken Sie an etwas anderes, leben Sie Ihr Leben! Es geht von ganz allein weiter.

Sie brauchen nur offen und bereit sein, mitzugehen, Sie werden sehen! Sie können doch selbst feststellen, wie schnell sich heute alles ändert. Dennoch braucht alles seine Zeit, und etwas Geduld müssen wir schon haben. Aber es geht immer noch schneller, als wir denken!

Letztendlich können wir nur sagen: ›ich akzeptiere‹ oder ›einverstanden‹ oder einfach ›ja, ja, ja, ja, ...!‹

Das Mental möchte immer dirigieren, kommandieren, alles im Griff halten, alles verstehen. Dabei gibt es nicht viel zu verstehen, dabei ist doch alles so einfach.

Das Mental bringt nicht die Lösung!

Unsere Aufgabe ist es, das Mental zurückzudrängen, damit es zu organisieren aufhört... damit an seine Stelle etwas anderes treten kann...

Es ist so, als wenn Sie mich fragten, wie Sie am besten ins Wasser gehen sollen, um schwimmen zu lernen. Dabei sind Sie bereits im Wasser! Lassen Sie sich Zeit zum Schwimmen, lassen Sie Ihrem Körper Zeit, *gehen Sie einfach mit!*«

»Welche Rolle spielt nun die Körperschwingung in der Praxis, und wie verhält sich die Körperschwingung zur Seelenschwingung?«

»Zuerst müssen wir uns im klaren darüber sein, daß wir es mit verschiedenen Schwingungs-Qualitäten zu tun haben, die wir nicht direkt vergleichen können. Es geht ja hier um bildliche Darstellungen bestimmter Vorgänge.

Wenn sich beide Schwingungen ›entsprechen‹, dann will der Körper, was die Seele will. Es gibt dann keine Spannung zwischen beiden. Wir haben in einem solchen Fall bei dem betreffenden Menschen eine Art natürlichen Magnetismus zu verzeichnen. Es gibt dann eine direkte Zusammenarbeit zwischen Seele und Körper, und die Verbindung zwischen beiden, die Intuition, ist direkt und stark.«

»Ist die Körperschwingung ein anderer Ausdruck für das Ego?«

»Es gibt da andere Zusammenhänge: Stellen wir uns vor, die Öffnung eines Winkels (siehe Abbildung 5) entspräche der ›Öffnung der Seele‹ – dies ist nur ein anderes Wort für ›Seelenschwingung‹. Zwischen den Schenkeln des Winkels befindet sich eine Linse, die den Körper darstellen soll. Vor der Linse liegt die Materie. Aus der Öffnung der Seele tritt in Form von Strahlen das ›Wollen der Seele‹ heraus.

Der Körper ist also eine Linse, durch die die Energie der Seele hindurch muß – oder, wenn Ihnen das lieber ist, die Energie des Höheren Bewußtseins.

Diese Energie will in die Materie eindringen.

Je niedriger nun die Körperschwingung ist, um so dicker ist die Linse. Und wenn die Seele eines Menschen mit niedriger Körperschwingung etwas will, dann konzentriert dieser Körper – und sein Mental – deren Strahlen, die Strahlen des ›Wollens der Seele‹. *Dann ›beißt sich sein Mental fest‹, es fixiert, ist fixiert, es sieht eine Fülle von kleinen und kleinsten Problemen, konstruiert ›kleinlich‹ in der Materie, es konzentriert.*

Die Seele möchte gern ›weitersehen‹, aber der Körper stürzt sich auf die Details, konstruiert. (Siehe Abbildung 6.)

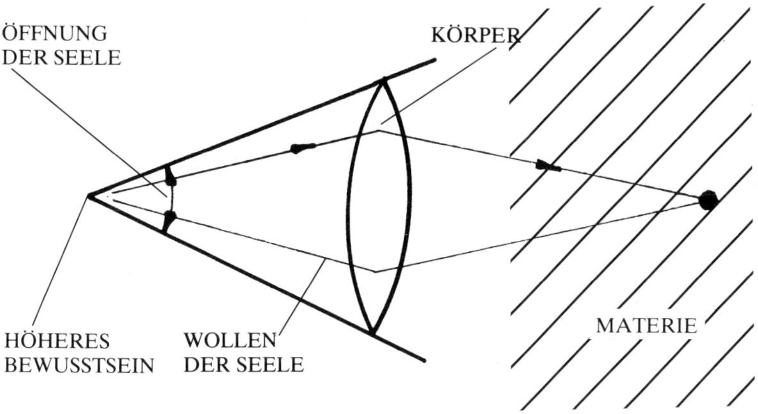

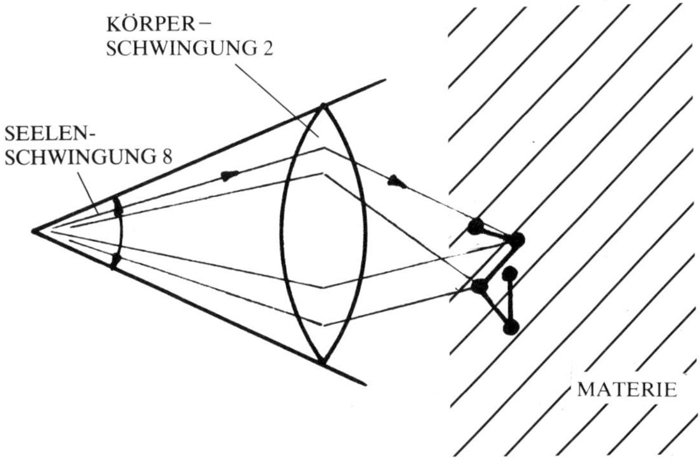

ABBILDUNG 5: *...Aus der Öffnung der Seele tritt in Form von*
(oben) *Strahlen das »Wollen der Seele« heraus...*

ABBILDUNG 6: *...dann konzentriert dieser Körper die Strahlen*
(unten) *des »Wollens der Seele«...*

Je höher andererseits die Körperschwingung steigt, um so flacher ist die Linse, um so weniger werden dann die Strahlen der Seele abgelenkt, um so besser kann der betreffende Mensch ›dahinter‹ sehen. (Siehe Abbildung 7.)

Und wie geht es weiter, wenn die Körperschwingung noch höher steigt, sich der Körper noch weiter verfeinert? Dann wird die Linse noch dünner, immer transparenter. Dann haben wir das, was bei der *Transformation* passiert:

Der Körper wird zunehmend durchlässiger, transparenter für die feinen Energien – bis er überhaupt keinen Widerstand mehr bietet und die kosmischen feinsten Energien völlig ungehindert durch ihn hindurch dringen können.«

»Und wo spielt das Ego hinein?«

»Das Ego können wir, um bei diesem Bild zu bleiben, als Trübung der Linse sehen. *Das Ego sind die Unsauberkeiten im Glas,* die Schmutzflecken. Die Energie ›von dahinter‹ wird verzerrt und kommt nicht mehr klar in die Materie an, sie wird vom Ego abgelenkt. Die Seele will etwas, die Körperschwingung kondensiert, oder besser konzentriert dieses Wollen, und das Ego verändert es so, daß das ursprünglich von der Seele Gewollte nur noch verzerrt ankommt. (Siehe Abbildung 8.)

In die Materie, das heißt in unserem täglichen Leben kommen dann nur noch unscharfe Bilder an von dem, was unsere Seele, was unsere Intuition uns sagen will.

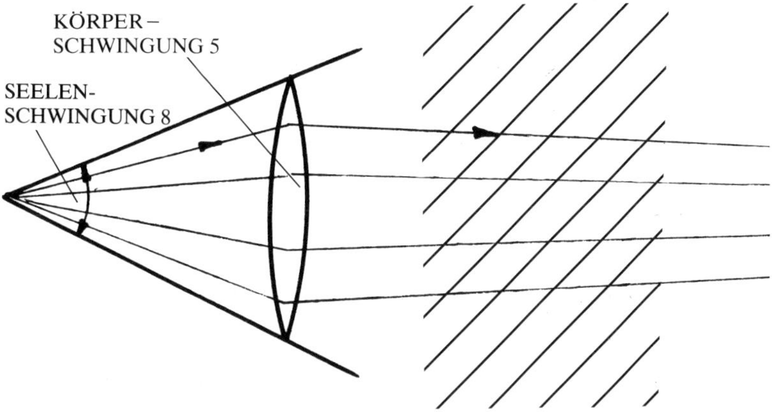

ABBILDUNG 7: *... um so weniger werden die Strahlen der Seele abgelenkt, um so besser kann der Mensch »dahinter« sehen ...*

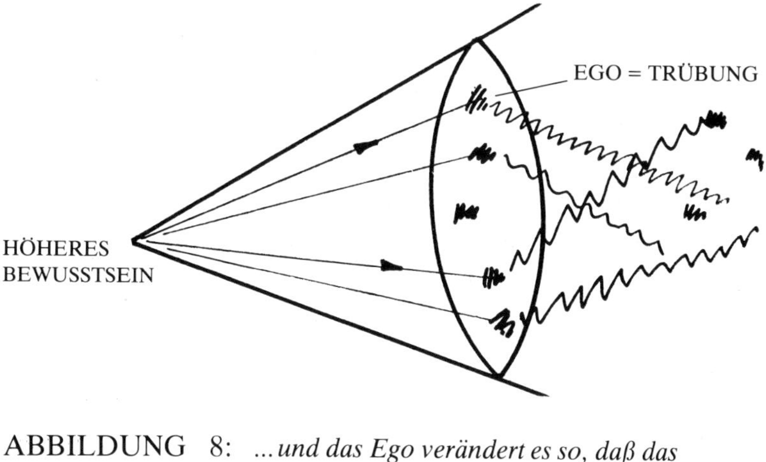

ABBILDUNG 8: *... und das Ego verändert es so, daß das ursprünglich von der Seele Gewollte, nur noch verzerrt ankommt ...*

›In Null sein‹

»Wieso spreche ich vom Reinigen des Körpers? Es ist dabei das Reinigen dieser Linse gemeint! Das Glas soll sauber werden, der Körper soll das reine Wollen unserer Seele nicht durch seine eigenen Wünsche beeinflussen. Und das bedeutet:

Er soll wunschlos sein.

Allerdings, ganz wunschlos, das geht nicht. Aber es sollte ein ausgewogenes Wunschleben in uns sein.

Und vor allem eben müssen die falschen Vorstellungen fallen, unsere Voreingenommenheiten, unsere alten Idealbilder, unsere mentalen Konstruktionen – unsere und vor allem die unserer Umwelt!

Es sollten unsere ›Mitbringsel‹ und Belastungen aus der Vergangenheit verschwinden, denn diese verzerren die Übertragung der Intuition, sie trüben die reinen Strahlungen, die von der anderen Seite kommen.

Der Körper sollte möglichst wenig Widerstand bieten. Er ist vorgesehen – das ist das Ziel der Evolution – als Werkzeug für die Aufgaben der Seele. Doch vorher muß er ›rein‹ sein; sein Ego darf nicht mehr ›mitsprechen‹!

Und unser Ego ist eben all das, was wir bisher unter unserer ›Persönlichkeit‹ verstanden haben. Bei ihm handelt es sich um unsere eigenen Wünsche und Sehnsüchte, genau so wie um die anerzogenen Verhaltensmuster, Weltanschauungen und Wertmaßstäbe, nach denen wir zwischen ›gut und böse‹, ›richtig und falsch‹, ›moralisch und verwerflich‹ unterschieden haben.«

»Aber wir haben immer ein Ego...«

»Ganz richtig, wir haben immer ein gewisses Ego. Deswegen sollten wir versuchen, neutral zu sein, das heißt, wir sollten uns bemühen, gelassen zu sein, uns zu entspannen und unser eigenes Wollen, also das Wollen unseres Körpers, aber auch unsere Vorstellungen und Voreingenommenheiten, zu minimieren oder ganz auszuschalten.

Wir sollten unsere Pflicht erfüllen, ohne daran zu denken, was für uns dabei herauskommen könnte – ja sogar, ohne Dank zu erwarten! Wir sollten wunschlos denken und wunschlos handeln, sollten wunschlos unsere Pflicht tun.

Das ist die ›neutrale Haltung‹: Wenn wir schon ein Ego haben, dann sollten wir uns so verhalten, daß es uns möglichst wenig beeinflußt: Dabei sehen wir den Dingen ausgewogen und neutral entgegen, nicht interessenlos, das ganz und gar nicht – eher neugierig und abwartend. Das verstehe ich unter ›in Null sein‹.

Wenn wir ›in Null‹ sind, haben wir unser eigenes unvollkommenes Wollen ›hintenan‹ gestellt, wir sind gelassen, neu-

tral, wir befinden uns in Harmonie mit der ›Großen Kosmischen Energie‹ – und unsere Chakras sind offen, der Weg dieser Energie ›zu uns‹ ist frei.

Was lehren uns die großen Lehrer der Menschheit? Es ist immer dasselbe: *Das Wunschlos-Sein, das Nicht-Wünschen, das Nicht-Wollen* – oder besser, die Ausgeglichenheit der Wünsche, denn ein Nicht-Wollen absolut ist nicht möglich.

Gehen wir in die Praxis: Alles ist Fühlen, Dahinter-Sehen, Weiter-Sehen, In-sich-hineinhorchen.

Anfangs sucht man zwar außen. Das ist normal. Aber ab ›Seelenschwingung sieben, acht‹ beginnt man *nach innen zu fühlen. Dort ist alles . . . dort ist alles da . . . dort ist alles so einfach . . .*

Warum erwähne ich überhaupt die Körperschwingung? Ich will auf diese Weise klarlegen, daß es nicht allein darauf ankommt, die Seelenschwingung zu erhöhen, sich nach oben zu entwickeln – und dabei den Körper zu vergessen. Die Materie muß vielmehr mitgenommen werden, der Körper muß mitgenommen werden! Denn es geht um die ›Transformation‹ des Körpers, es geht um die ›Transformation‹ der Materie.

Denn wenn die Seelenschwingung steigt auf ‹zehn‹, ›zwölf‹, ›fünfzehn‹ . . . und der Körper stehenbleibt bei ›zwei‹, ›drei‹, ›vier‹, . . . dann wird es gefährlich: Die Seele hat dann alle

Kraft, sie ›sieht mehr‹ – und der Körper bleibt grob und folgt seinen eigenen Wegen.

Natürlich ist die Seele dann stärker und könnte dem Körper befehlen. Aber der Körper soll von sich aus mitgehen und dabei sein. Beide Welten müssen zusammenbleiben. Das Göttliche Bewußtsein will auch in den Körper, in die Materie kommen.«

Kein System!

»Kann eine Körperschwingung auch höher sein
als die Seelenschwingung?«

»Das geht nicht. Das gibt keinen Sinn . . . So wie ich es Ihnen gerade erklärte, ist es nur eine Art, die Dinge zu sehen, von einer anderen Seite. Hieran sollten wir uns aber nicht festhalten! Wir könnten ja eine neue Philosophie aufbauen, eine neue Sekte gründen oder uns eine entsprechende wissenschaftliche Forschungsaufgabe stellen, Formeln entwickeln, um an ihnen Eigenschaften von Personen zu messen.

Das wäre alles möglich. Und man könnte Apparate konstruieren, die die Seelenschwingung messen . . . Warum sollte das nicht möglich sein? . . . Dann würde man zum Beispiel auf diese Weise feststellen können, wenn ein Mensch krank ist,

. . . und wir würden auch ein System finden, um das wieder herzustellen. Wir könnten eine Methode entwickeln, um diese Menschen zu heilen, und wir besäßen dann eine neue medizinische Wissenschaft, eine auf mehr oder weniger ›esotherischer‹ Grundlage, mit Forschungsstätten, die sich mit der Disharmonie zwischen Seelen- und Körperschwingung befassen, und so weiter, und so weiter. Und wir hätten dann eine neue, eine weitere große mentale Superkonstruktion . . .«

»Aber das wäre doch interessant und . . .«

»Natürlich wäre das interessant. Aber was würde das helfen? Der Verstand rechnet und konstruiert . . . Das ist die Gefahr eines Schemas. Wir könnten so immer wieder neue Methoden erfinden – und wir hätten etwas Neues, Materielles, Konkretes geschaffen . . . das ist durchaus möglich.

Aber das ist nicht das Ziel, wir suchen dann ja nur wieder in der Außenwelt . . . Doch gerade damit müssen wir jetzt aufhören, gerade das bringt uns jetzt ja nicht mehr weiter. Alles ist doch viel einfacher . . .«

Die intuitive Haltung

»Zwei Voraussetzungen sind erforderlich, um zu einer reinen Intuition zu kommen, um Mitteilungen unseres Höheren Selbstes oder des Göttlichen Besußtseins zu empfangen:

1. Unsere Innenwelt (unser Wunschdenken) und die Außenwelt müssen sich zueinander in Harmonie befinden. Wir dürfen also keine offenen unbefriedigten Wünsche haben.

Dabei gibt es sieben Arten solcher Wünsche, entsprechend den sieben Energiezentren, die unseren spirituellen Körper bilden:
a) sexuelle,
b) vitale (den materiellen Besitz betreffend),
c) sentimentale,
d) amuröse (der besitzergreifenden Liebe),
e) Wünsche des Stolzes,
f) Wünsche der mentalen Konstruktionen und
g) höhere mentale Wünsche (etwa aus den Bereichen Politik, Bildung, Religion).

Diese Wünsche können je nach Natur und Reife eines Menschen und je nach den äußeren Gegebenheiten befriedigt werden.

2. Wir müssen die Möglichkeit haben – ›die äußeren Freiheiten‹ –, sowohl örtlich als auch zeitlich entsprechend unserer Seelenschwingung zu handeln, die ja von unserem Entwicklungsniveau abhängt.

Ob diese beiden Voraussetzungen erfüllt sind, können wir sehr gut feststellen, indem wir auf unseren Atem achten:

Ist der Atemrhythmus kräftig, dabei weich und entspannt, und ist auch der Geist ruhig, dann bedeutet das ein ›Offen-Sein‹. Jetzt kann die Intuition aus dem Innersten herausfließen und die ›Richtung angeben‹.

Ein kurzer Atemrhythmus dagegen deutet ein ›Geschlossen-Sein‹ an. Es besteht eine Disharmonie zwischen unserem Inneren und den äußeren Umständen.

Die Atmung ist also das Bindeglied zwischen innen und außen, und der Atemrhythmus zeigt uns, ob der richtige Intuitive Zustand erreicht ist.«

Die Intuitive Haltung – und die Atmung

»Es ist bekannt, daß die Atmung ein wichtiges Bindeglied zwischen unserem grobstofflichen Körper und unserer ›Seele‹ ist: Wenn wir uns weiterentwickeln, wenn sich also unser Schicksal verändert, dann spielt die Atmung eine Rolle.

Denn mit dem Atemrhythmus ändert der ganze stoffliche Körper seine Frequenz, und er ändert sich damit auch chemisch.

Änderung des Atemrhythmus heißt dabei, eben nicht mehr beispielsweise sechzehnmal pro Minute zu atmen, sondern vielleicht nur noch zwölfmal oder zehnmal. Man atmet dann ›tiefer‹ und ›größer‹.

Die Atmung des Körpers ist mit der Arbeit des Mentals verbunden. Das heißt ein bestimmter Atemrhythmus ist verbunden mit bestimmten Gedankenverbindungen.

Darum wird auch in allen Meditations-Schulen die Ruhigstellung des Mentals praktiziert: Denn wenn das Mental ruhiger wird, kommen die Gedanken langsamer. Und wenn die Gedanken langsamer kommen – verlangsamt sich auch die Atmung. Und wenn das Vorbeiziehen der Gedanken sich verlangsamt hat, und wenn die Atmung sich verlangsamt hat, wenn sie ganz langsam geworden ist . . . dann tritt ›die Seele‹ aus dem Körper aus, und man ›sieht Lichter‹ . . .

Aber Vorsicht: das sind Erklärungen, das sollen keine Techniken sein! Und vor allem soll man so etwas nicht tun, denn es ist gefährlich. Ich erkläre dies nur, um zu zeigen, wie die Atmung mit unserem Mental zusammenhängt und was zum Beispiel während einer Yoga-Übung geschieht.

Die Atmung ist mit unserem Mental verbunden. Sich weiter zu entwickeln heißt also, ›größer zu atmen‹, sich mit einer ›größeren Atmung‹ zu verbinden. Und dabei wird sich die Arbeit des Mentals verlangsamen, die Gedanken werden weniger, und Ideen-Verbindungen werden fallen gelassen.

›Ich sehe dies, also muß ich das tun‹, so ist die normale Reaktion eines Mentals mit einer kurzen, schnellen Atmung, weil das Mental noch mit Gedanken-Verbindungen (Assoziationen) angefüllt ist. Aber wenn die Atmung größer wird, dann sieht man etwas und . . . das ist alles – nichts mehr!

Je größer also die Atmung wird, um so ruhiger wird das Mental, um so inaktiver wird man.

Aber zur gleichen Zeit ist ein größeres ›Potential‹ da, welches einfach durch seine Anwesenheit Handlungen auslöst.

Potential haben, bedeutet Ausstrahlung haben. Man kann dabei schlafen – doch das Potential ist da, wirkt weiter und beeinflußt die Handlungen.

Zur Praxis: Was sollte man tun, um sein Mental ruhig zu stellen und damit seine Atmung zu ändern?

Wir können nicht ›größer‹ atmen *wollen,* indem wir einfach langsamer atmen. Denn *wir werden geatmet.*

Wir brauchen uns nur zu entspannen – eine ruhige harmonische Umgebung, einen harmonischen Rhythmus des täglichen Lebens, etwas Stille – und die Atmung von allein geschehen zu lassen.

Und das heißt dann oft, allein sein!

Denn, wenn mehrere Personen zusammen sind, dann beeinflussen sie sich gegenseitig – dann beeinflussen auch die Atemrhythmen sich gegenseitig. Man ist nicht mehr man selbst, man hat Ideen und Vorstellungen, die nicht mehr die eigenen sind.

Allein sein, warum nicht? – trotzdem kann man dabei aktiv sein, ja, man soll dabei sogar sehr aktiv sein, denn man soll ja sein Leben *leben.*

Doch man sollte neutral dabei sein: Man sollte also alles ausschalten, was an Gefühlen und Wünschen in einem ist, an Ideen und an falschen und guten Vorstellungen . . . weil das alles Hindernisse sind.

Solange wir zum Beispiel Angst haben, können wir nicht neutral sein. Und solange wir bestimmte Vorstellungen in uns tragen von ›falsch‹ und ›richtig‹, solange können wir nicht gelassen oder ›gleich-gültig‹ einer Situation entgegensehen, solange können wir nicht entspannt genug sein – *um uns atmen zu lassen.*

Je weiter wir uns also entwickeln, um so ›größer‹ wird unsere Atmung; wir verbinden uns mit einer ›größeren Atmung‹. Und ab einem bestimmten Punkt entfliehen wir gänzlich unserem vorbestimmten Schicksal . . . dann – ab Seelenschwingung ›zehn‹ – schließen wir uns einem Göttlichen Plan an.

Und was ist ein Göttlicher Plan?:
Eine Ebene oder eine Dimension, in welcher geistige Wesenheiten oder geistige Kräfte wirken, die einen ›größeren Atem‹ haben. Diesen Kräften schließen wir uns an.

Wir schließen uns dem Göttlichen Plan auf einer bestimmten Ebene an. Diese Ebene ist in Abbildung 9 mit ›X‹ bezeichnet. Und wenn wir uns noch weiter entwickeln, wenn sich unsere Atmung noch mehr ›erweitert‹, dann erreichen wir schließlich die Ebene ›Y‹ dieses Göttlichen Plans. Bei ‹X‹ gibt es eine Göttliche Aktivität einer ersten Stufe, und bei ›Y‹ gibt es eine Göttliche Aktivität von einer noch vollkommeneren Art.

Die Kräfte oder Geistwesen der Pläne ›X‹ oder ›Y‹ mit einer sehr ›großen Atmung‹ wirken nach unten auf die Atmung des Menschen ein – und sein Körper ändert dann ein wenig seine Arbeitsweise.

Und ganz oben am Ursprung (siehe Abbildung 9) gibt es nur noch *eine* Atmung.

DIE ENTWICKLUNG DES MENSCHEN

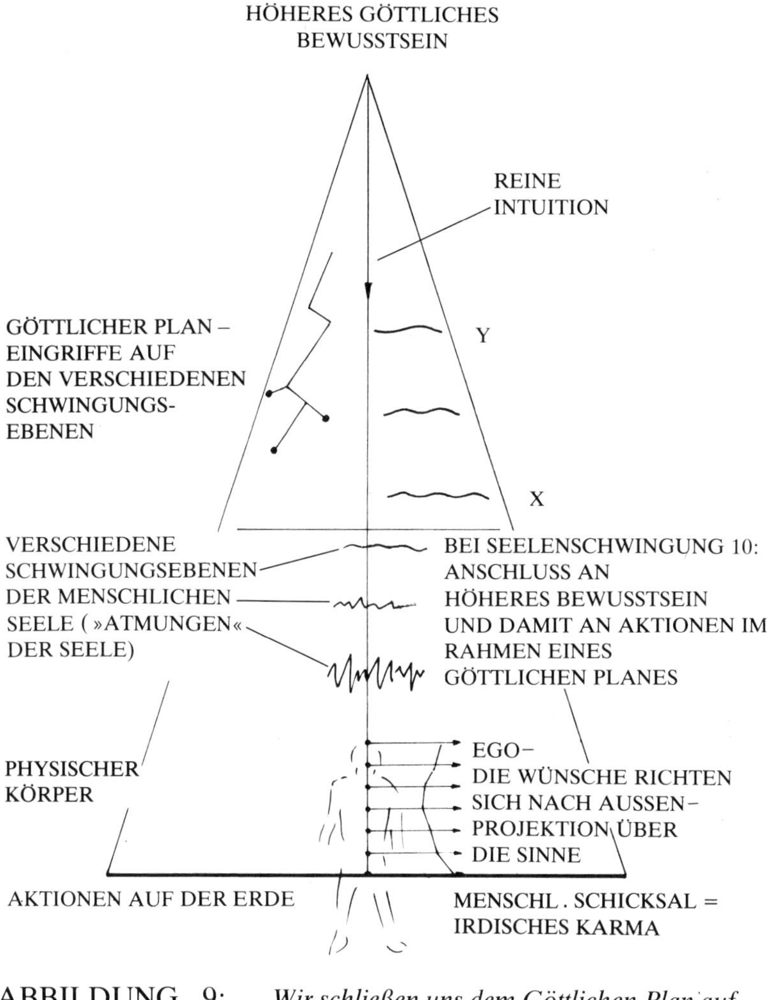

ABBILDUNG 9: *... Wir schließen uns dem Göttlichen Plan auf einer bestimmten Ebene an...*

Es ist die Atmung einer . . . man kann es vielleicht so sagen . . . kosmischen Kraft, eines obersten Geistwesens, welches einmal ausatmet und dabei Millionen von Lebewesen, ganze Welten, erschafft . . .»

Wie das Göttliche Bewußtsein arbeitet

»Wir müssen uns den Menschen als einen geometrischen Ort des Universums vorstellen. Wir müssen weiter akzeptieren, daß in diesem gleichen Ort auch alle anderen Menschen präsent sind.

Die Energiezentren, oder Chakras, kann man sich dann auch als eine Reihe von Knoten denken, über die die Menschen übereinander verbunden sind. So sind die Verkettungen der Karmas zu erklären.

Das Göttliche Bewußtsein kann nun in unsere Welt des Raumes und der Zeit eingreifen, um bestimmte Probleme (die zum Beispiel karmisch bedingt sind) lösen zu helfen. Die ›Karmischen Knoten‹ eines oder mehrerer Menschen müssen geöffnet werden. Das Göttliche Bewußtsein greift ein, indem es die Energieströme zu den Energiezentren lenkt, und damit die Energiezentren selbst beeinflußt – was immer heißt: Reinigung der Zentren!

Dies geschieht immer schrittweise und harmonisch – alles braucht seine Zeit. Die einmal auf diese Weise gelösten Probleme sind es dann aber auch endgültig.

Das Göttliche Bewußtsein handelt hierbei nach seinen eigenen Gesetzen. Es sind dies die Gesetze der Wahrheit und der absoluten Gerechtigkeit.«

4

Das Öffnen und Schließen der Energiezentren

»Es gibt zwei Energiearten, oder besser, Energie-Potentiale:

I. Die Energie unseres täglichen Lebens:

Dies sind die Kräfte, die normalerweise unser Handeln bestimmen und die der uns vertrauten Welt angehören. Diese Energien wirken in uns und durch uns, mit der Intensität und Qualität, die letztendlich durch unser Wunschleben bestimmt wird. Das heißt, unsere Antriebsenergien sind so stark und so rein wie unsere Wünsche und Begierden, unser Fühlen und Wollen.

Bis jetzt hat die Menschheit mit diesen Energien gelebt. Und alle Methoden zur geistigen Weiterentwicklung bestanden darin, das Wunschleben unter Kontrolle zu bringen, um damit das Schwingungsniveau dieses Energiepotentials zu erhöhen – oder anders ausgedrückt – um die Schwingungen der Energien zu verfeinern, die unser Denken und Handeln bestimmen.

II. *Eine Energie, die hinter all dem steht und die feiner, kraftvoller und von einer Qualität ist, die so ganz anders ist als das, was wir uns vorstellen können:*

Sie ist vor allem rein, und sie ist unendlich – in jeder Beziehung –, nach allem, was wir uns darunter vorstellen. Innerhalb dieser Energie gibt es wiederum verschiedene Grade zunehmender Feinheit und Reinheit der Vibrationen.

Diese Energie ist vor allem bewußt – und sie ist lebendig: *Denn sie ist ein lebendiges Geistwesen!*

Die Feinheit seiner Energie, die Feinheit seiner Schwingungen, genauso wie die Quantität des Potentials, seine Kraft – seine Schöpfungskraft, seine Kreativität – all das liegt weit jenseits unseres Vorstellungs-Vermögens und der Begrenztheit unseres menschlichen Lebens.

Nun besitzt der Mensch Organe, innere geistige Organe, mit denen er diese unendliche Kraft aufnehmen kann. Diese Organe sind, wie wir wissen, die Energiezentren, auch Chakras genannt. Sie bilden die Bindeglieder zwischen beiden Welten und ermöglichen dem Menschen, diese feine, reine, kraftvolle Energie zu empfangen.

Beide Energiearten stehen über die Chakras miteinander in Verbindung.

Und nun ist folgendes wichtig: Beide Energiearten, das heißt diejenige des menschlichen Individuums und jene dieser unendlichen Wesenheit, müssen in Harmonie zueinander stehen.

Wenn dies der Fall ist, dann sind die Chakras offen und die feine Energie kann in den Menschen einfließen, dann ist er an das große, unendliche Energiepotential angeschlossen. (Siehe Abbildung 10.)

In Harmonie sind beide Energiearten, wenn man ›in Null‹ ist.

Die kosmische Energie ist ja überall um uns herum, sie möchte über die Chakras in unseren physischen Körper einströmen. Unser Körper schwimmt in einem Ozean aus dieser Energie, und wir als Individuum mit unserem Ego – was tun wir mit unseren beschränkten Kräften gegenüber dieser unvorstellbaren Menge Energie um uns herum?!

›Nicht in Null sein‹ besagt ja, daß das Ego mitspricht, das eigene Wollen und Denken nämlich, und da das eigene Wollen immer unvollkommen und beschränkt ist, muß es in Widerspruch stehen zu der kosmischen Energie. *Solange man selbst will, ist man nicht offen für das, was diese Energie will.*

Harmonie ist also nur dann gegeben, wenn das eigene Wollen ausgeschaltet und wenn man bedingungslos offen ist für das ›andere‹ Wollen – ob man dieses ›andere‹ Wollen nun

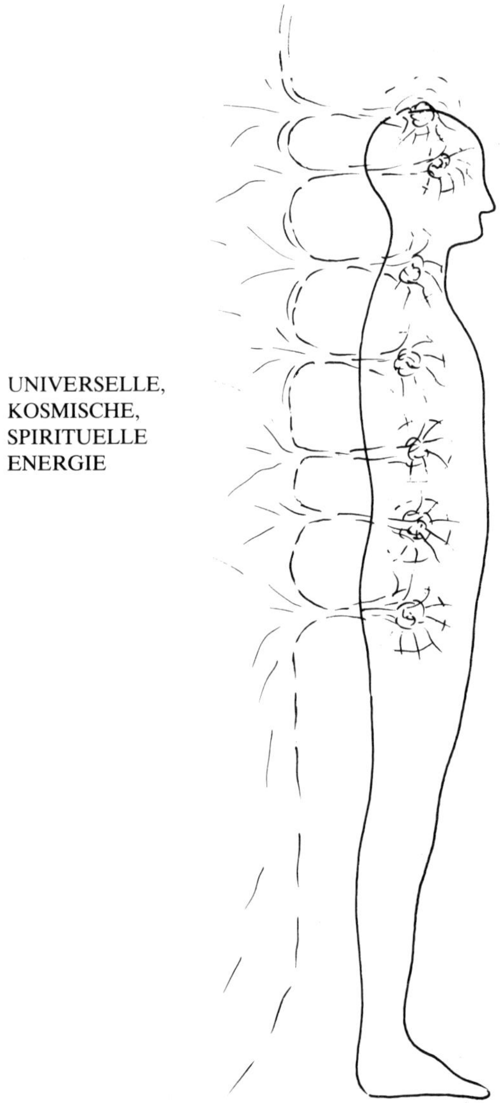

ABBILDUNG 10: *...dann sind die Chakras offen und die feine Energie kann in den Menschen einfließen...*

versteht oder nicht. *Man muß also bereit sein, mitzugehen und sich führen zu lassen.*

Wie wir noch hören werden, wirkt die ›andere‹ Energie heute in zunehmendem Maße auf die physische Ebene ein. Und im gleichen Maße, wie die ›neue‹ Energie in die Materie, das heißt in unseren Körper eindringt, müssen wir mit unserer eigenen Willensenergie zurückgehen.

Harmonie ist dann gegeben, wenn die alte Energie genauso schnell und stark abgebaut wird, wie die neue zunimmt. Ist der ›Druck‹ der neuen Energie stärker als der Abbau der alten, entsteht eine Disharmonie – oder mit anderen Worten: Leid!«

Wenn sich die Chakras schließen . . .

»Wenn also keine Harmonie besteht, wenn Disharmonie herrscht zwischen dem Menschen, seinem Fühlen, Denken, Wollen, Handeln einerseits und dem Willen, oder ganz einfach dem Potential dieses großen Etwas andererseits, dann schließen sich die Chakras.

Und wenn die Chakras geschlossen sind, dann verliert der Mensch sehr rasch seinen Vorrat an dieser feinen, reinen Energie. Es fließt nichts mehr von dieser Energie zu ihm herüber, er ist abgeschnitten, er wird leer. Dabei bemerkt er dies nicht! Denn der Mensch besitzt nicht die Fähigkeit, er verfügt nicht über die Instrumente, um das Potential dieser Energien spüren oder gar steuern zu können.

Der Mensch verliert also seinen Vorrat an dieser reinen Energie, ohne daß es ihm bewußt wird. Und welche Konsequenz hat dies? Seine ganze Umwelt ändert sich für ihn, das heißt seine Einstellung und seine Beziehungen zu der äußeren Welt um ihn herum ändern sich.

Abgeschnitten vom Zufluß der ›anderen‹ Energie ist er auf sich selbst angewiesen. Er funktioniert nur noch mit seiner eigenen Energie.

Und da diese Energie nicht rein ist, tritt all das aus ihm heraus, was unvollkommen, unrein, störend, falsch ist – falsch in Bezug auf dieses höhere, andere Energiepotential.

Er lebt und funktioniert dann also nur mit den Energien, die er selbst ›produziert‹. Er wird allein von ihnen motiviert, und er denkt und handelt allein mit ihnen.

Da diese seine eigenen Kräfte unvollkommen sind, sind auch seine Gedanken und Handlungen unvollkommen. Er macht folglich alle denkbaren Fehler, seine normalen ›menschlichen Schwächen schlagen voll durch‹.

Ihm fehlen ja all die Informationen – die Intuitionen – die sonst, bei offenen Chakras, unbewußt ständig in ihn einfließen und ausgleichend wirken. Jetzt, ohne diese Hilfen, ist er ganz auf sich allein angewiesen.

Empfindet er also unter normalen Umständen eine Abneigung gegenüber einer Person, jetzt, bei geschlossenen Energiezentren, vervielfältigt sich diese Abneigung bis hin zu blankem Haß – mit allen seinen Folgen. Genauso geht es mit seinen anderen Eigenheiten, zum Beispiel mit seiner festgefahrenen Meinung. Bei geschlossenen Chakras fehlt ihm jetzt jede Korrekturmöglichkeit; seine feststehende Mentalkonstruktion ist das einzige, was aktiv werden kann, und läßt ihn Fehler machen, läßt ihn ›gegen eine Mauer laufen‹.

Und da er nicht weiß, was mit ihm geschieht, sagt er, ›es sind die anderen‹. Es sind dann immer die anderen.

Man sucht die Fehler nun immer bei den anderen. Die Chakras haben sich geschlossen, die eigenen Fehler treten voll hervor, und unsere Beziehungen zur Außenwelt ändern sich, ohne daß wir es bemerken. Und wir suchen die Schuld bei den andern! Unser Mental findet alle möglichen Gründe und Rechtfertigungen – nur eines entdeckt es nicht: die Tatsache, daß der alleinige Grund für die aufgekommenen Schwierigkeiten in uns selbst liegt, daß es nicht die Außenwelt ist, die sich geändert hat, daß vielmehr allein wir selbst es waren.«

Wieder ›in Null‹ kommen

»Und wie können wir vermeiden, daß sich unsere Chakras schließen, beziehungsweise was können wir tun, damit sie sich wieder öffnen?«

»Nun, zuerst sollten wir feststellen, daß die Zeiten, während derer wir von der andern Energie abgeschnitten sind, durchaus auch ihre positiven Seite haben: Unsere Schwächen treten dann zwar zehnfach, zwanzigfach verstärkt hervor, aber deshalb werden wir uns ihrer auch leichter bewußt.

Allein schon die Rückwirkungen der Umwelt auf unsere Unvollkommenheiten zwingen uns, sich mit unseren Unvollkommenheiten auseinanderzusetzen. So sehen wir unsere Schwächen wie durch ein Vergrößerungsglas – wenn auch oft erst aus der Rückschau . . .

Das Schließen der Energiezentren ist also auch ein durchaus positives Element der Entwicklung, es ist produktiv und kreativ. Angst also vor dem Schließen der Chakras zu haben, das würde bedeuten, auf die geistige Fortentwicklung zu verzichten.

Das Mental hat immer Angst. Wir alle machen in unserem Leben unangenehme Zeiten durch, negative Perioden, wo nichts geht, wo alles nur Schwierigkeiten bereitet. Solche Perioden sind immer das Gegenteil von Zeiten der Öffnung. Trotzdem müssen sie sein. Sie wirken unangenehm, aber sie sind kreativ.

Wenn allerdings die Zentren zu lange geschlossen bleiben, dann kann man ernstlich krank werden. Denn Krankheit ist das äußere Zeichen einer inneren Disharmonie. Wenn alle

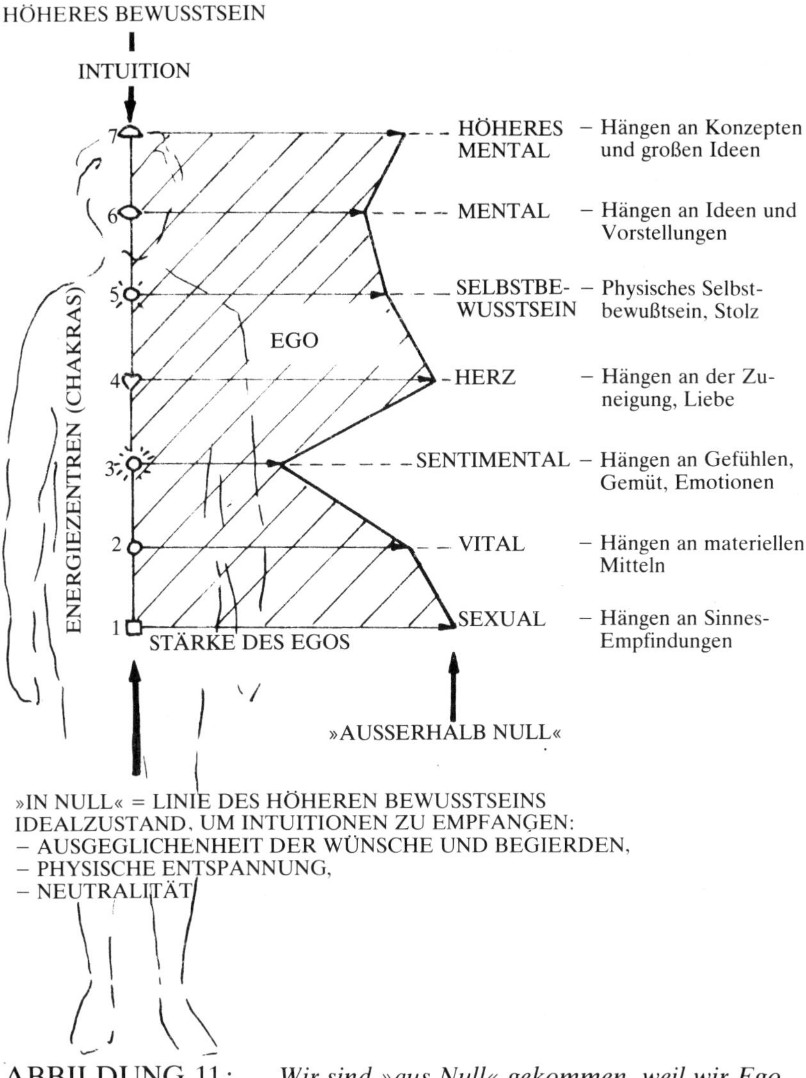

ABBILDUNG 11: *...Wir sind »aus Null« gekommen, weil wir Ego aufgebaut haben...*

Chakras für lange Zeit geschlossen sind, dann wird die Disharmonie so groß, daß sogar Krebs entstehen kann.

Was ist dagegen zu tun?

Immer dasselbe: Wir müssen versuchen, wieder ›*in* Null‹ zu kommen. Denn das ist ja die Ursache für die Disharmonie: Wir sind ›*aus* Null‹ gekommen, weil wir Ego aufgebaut haben (siehe Abbildung 11) und uns demzufolge nicht mehr auf der ›Linie des Höheren Bewußtsein‹ bewegen, ihm nicht mehr angeschlossen sind.

Den ersten Schritt in die richtige Richtung zu tun, bedeutet es, wenn wir den Körper in eine harmonische Umgebung bringen und uns dann um eine neutrale, gelassene Haltung bemühen:

Wir müssen nach innen horchen – intuitiv sein!

Außerdem ist es ein Gebot der Klugheit, in einer solchen Situation im Zweifelsfalle ersteinmal nichts zu tun. Vor allem aber sollte man dann nicht gerade mit neuen Projekten beginnen. Denn ohne Zweifel würden wir sonst – da wir ja von der Intuition und damit von der ›richtungsweisenden Kraft‹ abgeschnitten sind – viele Fehler machen.

Unser materieller Körper lebt zwar von unserer eigenen, beschränkten Energie, unsere Seele aber, der spirituelle Körper dahinter, von der ›anderen‹, der unvorstellbar großen.

Im Laufe unserer eigenen Fortentwicklung dann und mit

zunehmendem Eindringen der neuen Energie bekommt unsere Seele – unser ›spiritueller Körper‹ wieder mehr Kraft, und unser materieller Körper verliert immer mehr von seiner eigenen Energie.

Wir sollten uns immer vor Augen halten, daß das, was wir sind, nicht unser materieller Körper ist: *Wir, das ist unser spiritueller Körper dahinter!*«

Das Ego ist das Problem

»Man spricht von negativen Kräften auf der Erde. Was ist denn eine ›negative‹ Kraft? Auf den Menschen übertragen ist es das Ego! Man spricht von Dämonen, vom Teufel, von bösen Geistern. Um was handelt es sich da anders als um das Ego?

Das Ego ist der Teufel! Das menschliche Ego ist also das Problem!

Was man so unter bösen Geistern versteht, sind alles geistige Kräfte, die vom menschlichen Ego verfälscht und verdreht wurden. Sie treten in den Körper ein und wirken auf das Mental. Das Mental ist schon falsch, es übersetzt jetzt die Impulse falsch – und was herauskommt, ist folglich ebenfalls falsch.

Deswegen spreche ich von der ›Reinigung‹, von der Reinigung des Egos. Man soll wahrhaftig sein, ehrlich gegen sich selbst, in Übereinstimmung mit seinem eigenen Selbst – nicht mit dem der anderen. Das ist der beste Schutz: *Seien Sie wahrhaftig und in Übereinstimmung mit Ihrem eigenen Inneren, dann sind Ihre Energiezentren offen.*

Wenn Sie aber versuchen, in Übereinstimmung mit den andern zu sein – das geht nicht, das kann gar nicht gehen, dann müssen sich ja Ihre Chakras schließen!

Warum gibt es immer wieder so viele unnötige Probleme und Hindernisse, die überwunden werden müssen? Es sind nicht die ›bösen negativen Kräfte‹ irgendwo da draußen, sondern *es ist unser eigenes Ego, welches uns immer wieder Schwierigkeiten bereitet und uns täuscht.* Unser Ego ist es, welches ›denkt‹, unser eigenes unvollkommenes Mental, welches konstruiert und kalkuliert.

Aber ... das Höhere, Göttliche Bewußtsein handelt nach seinen eigenen Gesetzen – und das sind die Gesetze der Wahrheit und der absoluten Gerechtigkeit ... – nicht die menschlichen, beschränkten, mentalen Konstruktionen unserer überkommenen Vorstellungen und Regeln.

Vergessen Sie diese überkommenen Vorstellungen, und verlassen Sie sich auf die Stimme des Inneren! Diese innere Stimme spricht unvermittelt – spontan – und ohne Einschaltung Ihres Mentals!

Folgen Sie Ihren inneren Impulsen, folgen Sie genauso

spontan Ihrer inneren Stimme – nur sie allein hat recht, nur sie allein zählt. Dann können Sie nicht falsch liegen.

Handeln Sie immer nur in Übereinstimmung mit Ihren eigenen inneren Impulsen, seien Sie ehrlich gegenüber sich selbst, bleiben Sie in Harmonie mit Ihrem Inneren Selbst – und Sie sind in Harmonie mit dem Göttlichen Bewußtsein!«

Das kollektive Schließen der Chakras

»Wir haben bisher vom Schließen und Öffnen der Chakras beim einzelnen Menschen wie von einem individuellen Vorgang gesprochen. Es handelt sich hier aber genauso um einen kollektiven Vorgang:

Da wir Menschen nicht allein stehen, sondern – auf einer anderen Ebene – miteinander verbunden sind, kann solch ein Vorgang wie das Öffnen und Schließen von Energiezentren durchaus auch kleinere und größere Gruppen betreffen: Familien, Arbeitsteams, Firmen, ganze Staaten und Kontinente, ja selbst die ganze Menschheit kann kollektiv von diesem Mechanismus erfaßt werden.

Ausgelöst durch die eigene Disharmonie oder – wir werden darauf später zurückkommen – durch Maßnahmen des Höheren Bewußtseins, machen also sowohl Individuen als auch Gruppen solche Phasen des Geschlossenseins der Chakras durch.

Treten solche Zeiten in mehr oder weniger regelmäßigen Abständen auf, dann sprechen wir von Zyklen. Bei ›Zyklus unten‹ sind die Chakras geschlossen, bei ›Zyklus oben‹ sind sie offen. Kriege sind zum Beispiel solche Zeiten des Geschlossenseins. Wir wissen aus Erfahrung, daß bisher ziemlich regelmäßig alle zwanzig bis dreißig Jahre solche Kriege stattfanden. Für die betroffenen Menschen waren dies immer Phasen des Geschlossenseins der Chakras – mit allen vorher beschriebenen Folgen.«

Das Nervensystem und wie das Höhere Bewußtsein mit ihm arbeitet

»Wie wir gesehen haben, ist die Atmung das verbindende Element, mit dessen Hilfe wir Situationen und Menschen besser beurteilen können, und zwar indem wir mittels unseres Atems, den wir auf diese Menschen oder Situationen ›einstellen‹, eine größere oder eine kleinere ›Öffnung‹ ihnen gegenüber empfinden. Die Atmung ist so gesehen der Mittler zwischen dem inneren Selbst und der äußeren Welt.

Die Sensibilität des vegetativen und des motorischen Nervensystems versetzt uns also in die Lage, ›mehr zu fühlen‹ beziehungsweise ›anders zu fühlen‹.

Die über die Chakras in den Körper einfließende ›Energie‹ des Höheren Bewußtseins übernimmt immer mehr die Führung über die Funktionen des Nervensystems – auf allen Ebenen der Existenz. Sie ergreift auf allen diesen Ebenen Besitz vom Menschen. So auch auf dem physischen Plan – bis hin zu den Bewegungen des Körpers.

Äußerlich sind dabei keinerlei Anzeichen zu erkennen, nach denen man einen normalen Menschen, der von seinem Mental gelenkt wird, unterscheiden kann von einem Menschen, der vom Höheren Bewußtsein geführt wird. Die äußeren Handlungen sind die gleichen, aber ihr Ursprung – und damit die Energiequelle – ist ein anderer.

Im Extremfall wird sogar die Sprache vom Höheren Bewußtsein ergriffen – und der Mensch ist völlig zu einem ›Instrument‹ des Höheren Bewußtseins geworden.«

5

Zwei Wesen

»Wir spüren, daß etwas ist in uns, was teilnimmt, was offensichtlich lebt. Es ist da etwas, was mit uns sprechen, was uns etwas sagen möchte . . .

Wer ist dieses andere, wem gehört diese Stimme?

Nun, wir können es nennen, wie wir wollen, zum Beispiel Gewissen. Das Gewissen ist dann

- unser Inneres Selbst,
- unsere Innere Stimme,
- Die Intuition,
- das Höhere Bewußtsein,
- ein Teil dieser kosmischen, dieser ›anderen‹ Energie, über die wir alle miteinander verbunden sind.

Diese kosmische, diese ›andere‹ Energie ist der große Ozean, in dem wir alle schwimmen.

Auf der einen Seite stehen wir – unser Ego; und auf der anderen Seite steht das Innere Selbst.

Dieses Innere Selbst will zu uns sprechen, es sendet uns Mitteilungen. Wir müssen uns nur bemühen, auf diese Mitteilungen zu achten, die ja ständig kommen. – Und mit der Zeit funktioniert das wie eine stehende Telefonverbindung.

Was sind wir also? *Wir denken, wir sind allein. Aber wir sind nicht allein, wir sind ›Zwei Wesen:‹ Wir selbst, unser Ego – und jemand anderes, den wir nicht kennen.*

Und diese beiden Wesen wollen zusammenkommen, sie wollen zusammen arbeiten. Es geht um diese Begegnung, um die Begegnung zwischen ›Dir‹ und ›Mir‹!«

»Wir denken, wir sind allein. Aber wir sind
nicht allein, wir sind zu zweit:
Wir selbst – und jemand anderes, den wir
nicht kennen . . .«

Begegnung

»Diese Begegnung zwischen ›Dir‹ und ›Mir‹ ist die Begegnung der beiden Wesen, des Egos und des ›Inneren Wesens‹. Und das eine muß in das andere dringen, muß das andere durchdringen – und dessen Platz einnehmen:
Das eine wird zum anderen.

Auf der einen Seite steht das Innere Selbst, auf der anderen Seite unser Äußeres Ich mit seinem Ego. Und die Verbindung zwischen beiden läuft über die Chakras.

Die Vereinigung beider zu erreichen, gibt es nun zwei Möglichkeiten:

Entweder kommt das Innere Selbst zu uns – das geht, wenn wir neutral und empfangsbereit sind. In diesem Falle kommt das Innere Selbst und ›übernimmt‹ unsere Gedanken und sogar unsere Bewegungen.

Oder wir – also unser Äußeres Ich mit unserem Ego – gehen auf die Suche nach unserem Inneren Selbst. Das tun wir zum Beispiel, wenn wir meditieren.

Beide Möglichkeiten sind gegeben, doch welche ist die bessere?

Das Innere Selbst ist stark, sehr stark – warum sollten wir es also nicht ihm überlassen, ›uns‹ zu kontaktieren?! *Wir brauchen uns dann nur in eine Haltung der Bereitschaft, der Offenheit und der Neutralität zu versetzen* und es ›diesem Andern‹ zu überlassen, zu uns zu kommen – denn wir sind die Schwächeren und gingen sonst unter Umständen unnötige Umwege.«

»Und was geschieht, wenn diese Verbindung zustande kommt? Wie macht sich dies bemerkbar?«

»Nun, das ist individuell verschieden . . . der eine ›sieht Lichter‹ und ist verzückt, er hat etwas Wunderbares gesehen . . . ein anderer wieder hat andere Erlebnisse.

Bei jedem ist es anders. Aber Ziel ist es immer, daß eines Tages unser Inneres Selbst unsere Gedanken und sogar unsere Bewegungen ›übernimmt‹. Wir tun dann plötzlich etwas, ohne daß unser Mental es beabsichtigt hat. Wir sind überrascht, erschrocken. Es geschieht irgendwo und irgendwann . . . Und dann sind wir nur noch eins . . .

Im Verlauf der kleinen und alltäglichen Gesten und Handlungen . . . beim Aufräumen des Zimmers oder am Schreibtisch . . . morgens oder abends, wann immer . . . dann geschieht es; plötzlich fühlt man etwas in sich . . . Jetzt hat man alle Hindernisse überwunden und den direkten Kontakt hergestellt mit dem Göttlichen Bewußtsein.

Man spürt dann plötzlich, wie . . . wie man nicht mehr selbst etwas getan hat, sondern wie – bei irgendeiner kleinen, unwichtigen Handbewegung, bei einem Handgriff – etwas anderes in uns aktiv wurde – durch uns hindurch. Das war dann garnicht mehr man selbst, der handelte . . . etwas anderes war es in uns, aus uns heraus . . .

In den kleinen täglichen Bewegungen müssen wir sensibel werden – nicht zwei Stunden täglich meditieren! Darauf kommt es nicht an, ganz und gar nicht, nicht mehr . . ! Natürlich können wir meditieren – aber die neue Energie will ja über den Menschen in die Materie eindringen; und das kann nur über des Menschen Handeln geschehen, über sein tägliches Tun – jeder an seinem Platz, jeder bei seiner täglichen Arbeit, in der Werkstatt, im Büro, im Auto, in der Küche . . . überall dort, wo wir uns gerade befinden.

Die Vibrationen von ›oben‹ wirken ein, das Göttliche Bewußtsein, welches ›herunterkommt‹, herunterkommt auf die Ebene der täglichen Banalitäten. Dabei ändert sich äußerlich nichts in unserem täglichen Leben. Das Leben geht weiter wie bisher.

Wir müssen einfach intuitiver sein, an unserem Platz – das ist doch nicht schwierig; einfach intuitiv sein, das ist alles, . . . und dabei unser Leben leben!

Und alles geschieht dann von selbst – und mit der richtigen Geschwindigkeit.

Dabei macht sich diese ›Begegnung‹ bei jedem Menschen anders bemerkbar. Es gibt ja keine zwei Personen, die einander gleich sind. Jeder hat eine andere Seelenschwingung, ein anderes individuelles Karma, ein anderes kollektives Karma, ein anderes Ego.

Doch das Innere Selbst – das Höhere Bewußtsein – verbindet alle – denn es ist einzig.

Wir und dieses Innere Selbst in uns . . . beide arbeiten zusammen, es besteht eine ›menschliche‹ Beziehung zwischen den beiden. Denn das Innere Selbst ist alles: es ist Mathematiker, Physiker und Erfinder, es ist Manager, Offizier, General . . . aber gleichzeitig ist es Diener, Arbeiter, und nochmals Diener . . .

Es kann aber auch neugierig sein oder verärgert . . . es ist lebendig, es ist wie ein Mensch, *es ist menschlich!* . . .

Je mehr die Macht des Egos schwindet, um so weniger wichtig fühlt sich der Mensch, aber um so mehr Kraft bekommt er auch – weil das Innere Selbst mehr Kraft bekommt. Aber es ist dies eine andere Kraft, eine mit anderen Gesetzen, mit anderen Werten, eine Kraft, die anders funktioniert. Doch es ist eine reelle Kraft!

Wenn die Seelenschwingung steigt, wenn die Seele eine ›größere Atmung‹ bekommt, wenn die Seele sich weiter ›öffnet‹, dann empfängt sie auch größere Energiemengen. Und, darauf müssen wir achten, *diese Kraft wirkt jetzt in der Materie; sie ist zu einer mechanischen Kraft geworden.* Die Macht des Egos in der Materie ist beschränkt, aber wenn *diese* Kraft in die Materie eindringt . . .

Der Mensch denkt, daß er alles allein tun kann, daß er entsprechend mächtig ist. Aber wer in sich selbst zentriert, wer neutral, wer ›in Null‹ ist, wer sich seiner selbst langsam bewußt wird – der fühlt sich immer geringer, immer kleiner, immer weniger wichtig.

Und im gleichen Maße, wie er sich immer geringer fühlt, sich immer weniger wichtig nimmt – in dem Maße nimmt die andere Kraft in ihm zu, wird sie stärker und stärker . . .«

Wir sind zwei Wesen in einem

»Wir sind zwei Wesen, wir sind zweierlei: Es gibt uns – und es gibt das Göttliche Bewußtsein in uns.

Das Göttliche Bewußtsein in uns ist immer bereit zu senden. Hören wir! Geben wir uns hin! Lassen wir diese andere Kraft durchkommen, öffnen wir uns gegenüber dieser kosmischen Energie!

Sobald uns das gelungen ist, bekommen wir richtige Antworten. Dann führen wir die Handlungen dieser anderen Energie aus: Öffnung – Mitteilung – Handlung . . . und immer mehr und immer noch ein kleines bißchen mehr wird das eine zum anderen . . . man selbst – und das andere Weges, welches immer da, immer bereit ist. Das Göttliche Bewußtsein ist immer bereit . . . immer . . . hundertprozentig . . . denn Zeit zählt bei ihm nicht . . . Man braucht sich nur zu öffnen . . . ganz einfach zu öffnen . . .

Alles andere ist viel zu kompliziert . . . alles andere sind nur einzelne Stufen. Über die Stufen ›Techniken‹, ›Meditation‹, ›Yoga‹ führt ein Weg – ein komplizierter Weg. Doch gibt es auch den direkten, den einfachen Weg (siehe Abbildung 12). Das ist der natürliche Weg – und er ist in jedem Fall viel wirksamer. Er geht schneller, er bringt mehr!: Man braucht nur ›in Null‹ zu sein und sich mitnehmen zu lassen.

Wenn wir uns immer sagen: ›gut, es gibt also noch einen andern in mir, den kann ich fragen, was ich tun soll‹, dann bringen wir uns ganz von selbst in den richtigen Zustand der Empfangsbereitschaft, des Offenseins.

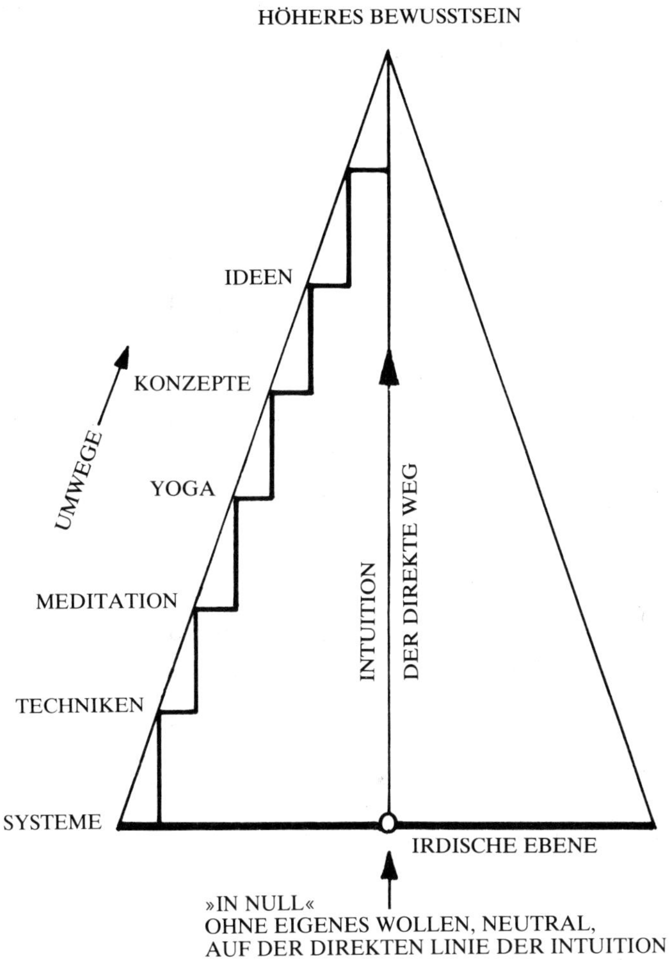

ABBILDUNG 12: *...Über die Stufen »Techniken«, »Meditation«, »Yoga« führt ein Weg – ein komplizierter Weg. Doch gibt es auch den direkten, den einfachen Weg...*

Deswegen die Aufmerksamkeit nach innen richten! – Hier ist unser Selbst, hier finden wir Antworten auf unsere Fragen.

Der Weg über die Stufen ist der Weg der Technik; er ist ein Umweg. Der direkte Weg führt nach innen, über die Intuition; er ist so einfach: ›in Null‹ sein – Kontakt!

Dieser Weg entspricht den alten Traditionen, dem was Christus sagt, was in der Bagavadgita steht, er entspricht den Gesetzen des Göttlichen Bewußtseins:

Das Ego ›auf Null‹, dabei aktiv sein, sein Leben leben, nach innen horchen!

Und niemand sagt uns dabei: ›Sie müssen alles verlassen‹ oder sagt: ›Sie müssen zehn Stunden täglich meditieren‹ oder verlangt ›Sie müssen dieses oder jenes‹. Nein! Das ist heute alles nicht mehr erforderlich. Bleiben Sie dort, wo Sie sind, bleiben Sie an Ihrem Platz; aber bleiben Sie dabei neutral, *horchen Sie wachsam nach innen, bleiben Sie intuitiv – und leben Sie Ihr Leben!*

So ist es einfach und klar. Und, vor allem, so schafft es keinerlei äußere Unruhe – es gibt ja schon genug davon. Es stört niemanden, alles bleibt im Gleichgewicht, nichts ändert sich außen – *und jeder kann es tun!*

Das Göttliche Bewußtsein, diese kosmische Kraft, paßt sich dem Leben an, so wie es ist; es paßt sich den Menschen an, so wie sie sind. Der Mensch kann dort bleiben, wo er ist, *er braucht nur bereit zu sein . . .«*

Uns führen lassen

»Wenn wir uns entwickeln, ändert sich auch unser Atem. Sich entwickeln bedeutet also auch, seinen Atem zu ändern. Und im Extremfall sind nicht mehr wir es, die atmen, sondern ist es etwas anderes, was in unserem Inneren atmet. Und dann wird es erst interessant. Bisher waren wir es, die geatmet haben. Aber nun kommt ein Moment, wo sich das ändert. Was meine ich damit?

Wir haben gesagt, daß es zweierlei gibt: uns nämlich als materielles und mentales Wesen und das Höhere Bewußtsein. Es gibt nur diese beiden! Vergessen wir nun einmal alles andere: die Seele, den Körper, den Astralkörper, den höheren geistigen Körper, den . . . – es gibt jetzt nur uns auf der einen Seite – und es gibt ›das Andere‹, das Höhere Bewußtsein, auf der anderen Seite!

Es kommt der Moment, wo nicht mehr wir es sind, die atmen, sondern wo das Höhere Bewußtsein es tut. Und wenn es das Höhere Bewußtsein ist, welches in uns atmet, nun, dann gehört unser Schicksal nicht mehr uns . . .

Das Andere ist die Intuition. Und wenn wir auf die Intuition achten, wenn wir genau hinhören, dann wird sie deutlicher, dann wird sie kraftvoller . . . und dann werden wir bemerken, daß sie lebendig ist, bewußt ist, daß sie lebt . . . und wir werden bemerken, daß es ein geistiges Wesen ist, mit dem wir sprechen können . . .

Und wenn wir mit diesem geistigen Wesen in uns sprechen, wenn diese Kraft in uns wächst . . . dann wird sie stärker . . . dann wird sie zu einer kosmischen Kraft, einer kosmischen Wesenheit . . .

Und wenn diese kosmische Wesenheit weiter an Kraft gewinnt in uns . . . wenn sie weiter wächst . . . so gibt es immer dieses zweierlei: uns den kleinen Menschen – und noch das große kosmische Geistwesen, den ›Großen, Kosmischen Meister‹ . . .!

Dieses kosmische Geistwesen übernimmt unsere Gedanken, es übernimmt unsere Bewegungen und es übernimmt unsere sonstigen Funktionen. Aber vor allem übernimmt es unsere Atmung.

Doch damit das geschehen kann, muß man ›gelassen‹ sein, muß man ›geschehen lassen‹. Darum

> erster Schritt: Aktion, ›sein Leben leben‹ – damit das Ego fallen kann; dann
>
> zweiter Schritt: neutral sein, ›geschehen lassen‹ – damit das Göttliche Bewußtsein tätig werden und an die Stelle des Egos treten kann.

Es gibt nur zweierlei: Wir – und das Höhere, das Göttliche Bewußtsein.«

»Wer ist dieses ›Wir‹?«

» ›Wir‹, das sind unser Mental, unsere Kraft, unser Wollen, unser Körper, unser Atem; das sind unsere Ideen, unsere Gefühle, unsere Vergangenheit, unsere Zukunft . . . Aber das ›Wir‹, das sind auch unsere Eltern, unsere Kinder, unser Beruf und all das . . .

Und hinter all dem steht das Göttliche Bewußtsein. (Siehe Abbildung 13)

Und beide müssen sich vereinigen. Und dazu muß dieses ›Wir‹ sich reinigen: keine Ideen, kein Mental, keine Gefühle, keine Liebe, keine Wünsche, kein Wollen, keinen Körper, keine Vergangenheit, keine Zukunft!

Dann kann das Göttliche Bewußtsein kommen und handeln. Dann ist alles da, alles: Neue Ideen, neue Atmung, neue Kraft, neue Liebe, neuer Wille . . .

Wir sind zwei Wesen in einem: Wir und alles, aus dem wir bestehen – und die ›reine Energie dahinter‹.

Aber dies ist eine Energie, die unerklärlich, unbegreiflich ist – sie ist ein Wesen, eine Person . . . sie ist ein Mensch!

Sie haben mich einmal gefragt: ›was ist dieses innere Wesen?‹. Nun, *es ist ein Mensch . . . ein Mensch!*

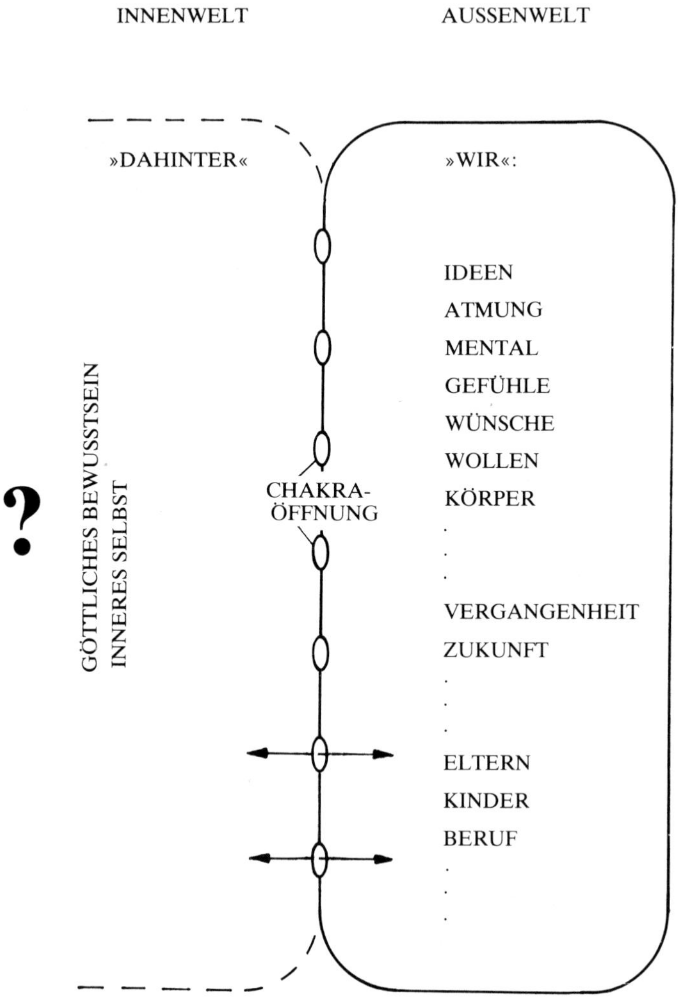

ABBILDUNG 13: *...Und hinter all dem steht das Göttliche Bewußtsein...*

Dieses Höhere Bewußtsein ist ein Mensch. Es ist ein gewaltig großer Mensch, es ist eine Wesenheit, es ist ein . . . ein ›Außerirdischer‹, kann man vielleicht sagen. Es ist ein Mensch, doch nicht ein Mensch, wie wir ihn uns vorstellen – es ist ein Geistwesen . . . unvorstellbar . . . aber ein Mensch . .!

Es ist nicht ein Gott. Das gibt keinen Sinn. Was soll so ein Wort sagen? . . . Es ist eine Kraft, es ist ein Geistwesen . . .«

»Und was ist dann Gott?«

»Das ist es nicht . . . es ist anders . . .«

»Aber . . .«

»Es ist anders! Das sind doch nur Worte, das ist es nur in den Vorstellungen der Menschen, den Menschen mit all ihren Begrenzungen . . .«

»Ist es ein Potential?«

»Ja, . . . es ist ein Potential . . . aber gleichzeitig . . . sind wir es alle . . . Sie und Sie und ich . . .

Man kann nicht sagen: ›ES ist hier . . .‹ oder ›ich suche ES‹ oder ›ich habe IHN gefunden‹ . . . denn *ES ist bei uns, mit uns, immer . . .!*

ES ist bei uns . . . aber . . . ES ist eingesperrt. Wir müssen ES herauslösen, öffnen . . . dann erst werden wir lebendig werden!

Zwei Wesen in einem . . . das ist eine Realität . . . Wir – und ein spirituelles Wesen, etwas, was in allen Körpern steckt, in allen Ideen . . .. Wie soll man das erklären? ES ist alles . . . verstehen Sie? . . . *ES ist alles!,einfach ALLES!*

Zwei Wesen in einem: Wir – und ›Etwas in uns‹. Aber dieses ›Etwas in uns‹ können wir auch außerhalb von uns sehen. Bei den anderen können wir es sehen! Das ist damit gemeint, wenn ich sage: Erfühlen, dahintersehen, hinter das Äußere sehen, hinter die Vorgänge sehen, hinter die Menschen sehen; den roten Faden sehen, der die Vorgänge miteinander verbindet; das sehen, das erfühlen, was ›dahinter‹ vorgeht! Das heißt ›das Höhere Bewußtsein sehen‹ . . .

Ist das nicht herrlich? Es ist . . . das Schönste überhaupt – denn es ist die Einfachheit, es hat den allerhöchsten Wirkungsgrad. Es ist immer dasselbe: Je einfacher etwas ist, um so wirkungsvoller ist es.

Wir sind also zwei Wesen in einem: Wir – und unser Inneres. Und wer ist unser Inneres? Ein Wesen! Ein Wesen, welches alles ist, welches mit uns atmet. – Allerdings müssen wir es natürlich in uns atmen lassen, das ES!

Wenn wir entspannt sind, wenn wir passiv sind, wenn wir nicht denken, *wenn wir nichts wollen, wenn wir neutral sind – dann ist ›das andere dahinter‹ da, dann atmet ES, dann handelt ES, dann ist ES aktiv.*«

›Dein Wille geschehe!‹

»Wie sagte Christus? ›Dein Wille geschehe‹ – *Dein, Dein . . . Dein* Wille, nicht der meine . . . Das eine, aus dem wir bestehen, muß also neutralisiert werden, damit ›das andere dahinter‹ funktionieren kann.

Doch wir wissen nicht, *daß* ›das andere‹ existiert, und wir wissen nicht, *wie* es funktioniert.

Es tut zwar etwas für uns, aber es ist noch nicht zu einem Teil von uns geworden, es bedeutet uns noch nichts. Noch ist es nur unser Ego, welches zu uns spricht: ›*Ich* habe die Macht, *ich* tue das, *ich* will . . .‹

Warum also die Dinge nicht laufen lassen und sehen, was passiert?! Manchmal geht es gut, manchmal nicht – aber es gibt immer den roten Faden dahinter. Und wenn dann einmal etwas schlecht, sogar sehr schlecht läuft, wenn etwas sehr schmerzhaft ist – dann werden wir hinterher feststellen, daß es gar keine andere Lösung gab.

Dieses ›dahinter‹ (siehe Abbildung 13) ist die Gerechtigkeit, ist das Karma, die absolute Gerechtigkeit – die Göttliche Gerechtigkeit, nicht die menschliche!

Wenn wir dorthin gehen, wohin uns das ›Dahinter‹ führen will, werden wir – selbst wenn es einmal bergab geht – *immer* wieder nach oben geführt werden. Und dabei berücksichtigt es immer auch alle anderen Menschen und Umstände, die dort und jene hier und diese da. Wir selbst brauchen nur zurückzutreten und der Gerechtigkeit freie Hand zu lassen.

Zwei Wesen in einem! Wir sollten nicht alles so kompliziert machen, mit Seele und so . . . Natürlich messe ich Seelenschwingungen und sage ich zum Beispiel, daß Herr X Seelenschwingung ›acht‹ habe. Sie entspricht seiner ›Atmung‹. Ich ›atme‹ mit diesem Herrn, das heißt,›ich setze mich mit ihm in Verbindung‹. Er ist dann hier in mir, ich spüre ihn, diesen Herrn X, . . . und wenn ich ihn fühle, dann ›atme‹ ich mit ihm. Und bei ›acht‹ hört es auf zu ›atmen‹; also kenne ich seine Seelenschwingung . . .

Sehen Sie, dieses Mal ist es wieder eine andere Erklärung, eine Erklärung unter dem Gesichtspunkt der Atmung. Wenn ich beispielsweise davon spreche, daß dieser Herr die Seelenschwingung ›acht‹ habe, dann heißt das nur, daß die Öffnung, die ›Atmung‹ seiner Seele ›acht‹ ist.

Aber das ist nur *eine* Art des Messens. Auf die sollten wir uns nicht fixieren, denn so kämen wir nicht weiter. Diese Methode hilft uns nur, etwas aus einer anderen Sicht heraus zu verstehen. Wir sollten uns jedoch nicht an sie klammern und kein System aus ihr machen.

Was allein zählt, ist die Intuition – und nicht eine Fixierung nach draußen, nicht religiöse Systeme!

Diese Einsicht ist wichtig, sehr wichtig!, Sie glauben gar nicht, wie wichtig es ist, sich nicht zu fixieren, frei zu sein!

Die Wirklichkeit ist viel, viel größer und wunderbarer, als jedes System, jedes menschliche System es zeigen kann. Was allein zählt, ist Ihre Intuition, Ihr Inneres.

Immer wieder fragt man, was man tun muß, um sich weiter zu entwickeln, damit man schneller weiterkommt?: ›Ich möchte gern . . . ich möchte gern mehr sehen, ich möchte gern mehr wissen . . .‹. Immer möchte man.

Aber all dieses Wünschen stellt eine Bremse dar. *Nichts wollen!* Denn im Unbewußten wird ständig gearbeitet. Wenn zum Beispiel jemand bei Seelenschwingung ›sieben‹ ankommt, dann findet, wie wir gehört haben, eine Umkehrung der Wünsche statt. Etwas in ihm richtet sich nach innen, etwas ändert sich, aber es geschieht unbewußt.

Die Seelenschwingung, die Öffnung der Seele, ist eine größere Atmung, ist eine größere Atmung der Seele. Das ist so schwierig zu erklären . . . dabei ist es in Wahrheit nicht schwierig, man muß es nur erspüren: Größere Seelenschwingung, größere Atmung – und dann ist man in Kontakt mit einer größeren kosmischen Atmung, mit einer größeren kosmischen Schwingung.

Hier geht es immer um dasselbe, immer um dieselbe Erklärung, nur immer aus einem etwas anderen Blickwinkel gegeben: Auf der einen Seite steht das Höhere Bewußtsein – auf der anderen sind wir, und dazwischen liegen die Chakras. Das eine ist die Innenwelt, und das andere ist die Außenwelt, und die Chakras sind die Membrane dazwischen. Die Energiezentren sind die Öffnung, der Eingang. Und dieser Eingang muß offen sein!

Wir sind zwei in einem: Wir – und ein Wesen, eine bewußte Energie; ein Wesen, das nicht Mann und nicht Frau ist, ein Wesen ohne Geschlecht. Aber es ist dennoch ein Mensch! Es ist kein Engel, es ist ein Mensch. Allerdings ein Mensch, der Licht ist . . .

Und wie verbinden wir uns mit diesem Wesen, mit dieser Energie?

Zwischen uns und dieser hohen Wesenheit gibt es eine Tür. Und wie öffnet man diese Tür? Man öffnet sie durch Suchen – und durch den Zweifel, ja, durch den konstruktiven Zweifel! Zweifeln . . . nicht wissen!

Der Zweifel ist kreativ. Er zwingt uns, in die Richtung des ›Dahinter‹ zu gehen. Der Zweifel zwingt uns, nach dort hinüberzugehen – und gleichzeitig ermöglicht er, daß ›Dieses dort‹ herüberkommt!

Es gibt nur zweierlei und sonst nichts. Und die beiden sollen eins werden. Ist das nicht herrlich?!«

Mit beiden Wesen gemeinsam

»Alles, was ich jetzt gesagt habe, ist wahr – aber es ist relativ. Es ist nicht vollständig, es kann nicht vollständig sein. Es ist wahr, aus einer Richtung gesehen – wir können ja nicht 360 Grad überschauen.

Und trotzdem sind diese Erklärungen hier nützlich, um unser Mental zu reinigen von all dem, was wir bisher gehört und gelesen haben – und was wir jetzt fallen lassen sollten. *Auf alle Fälle aber sollte es entmystifiziert werden.*

Es ist auch gar nicht erforderlich, immer in der Welt herumzulaufen und überall zu suchen. Wir können zwar miteinander sprechen, können sehen, Kontakte knüpfen, zuhören, leben ... Natürlich muß man einen gewissen Austausch mit der Außenwelt haben.

Was aber wichtiger ist: *Es gibt diese ›Zwei in uns‹, und alle unsere Handlungen sollten wir diese ›Zwei‹ tun lassen:*

Wenn wir zum Beispiel einen Wagen fahren, dann sollten zwei fahren: unsere Augen, die sehen – und unsere Intuition, die fühlt ...

Und Schritt für Schritt sollten wir alle unsere Handlungen, die im Haus und die in der Küche, die im Büro und die überall, sollten wir alles, was wir tun, Wichtiges und Unwichtiges, gemeinsam tun, *zusammen mit ›dem Anderen‹.*

Und dann, langsam, schrittweise, wird ›das Andere‹ immer ein bißchen mehr tun... und wir sollten dann immer ein bißchen weniger tun... und dann ›das Andere‹ wieder ein bißchen mehr ...

Und dann glauben wir, es zu bemerken ... Aber wir können es gar nicht bemerken, denn alles hängt zu sehr zusammen, geht so ineinander über, daß wir nicht wissen, wer wann was tut. Wir können den Unterschied nur fühlen ... Das ist das Problem.

Aber das ist auch wieder gut so. Denn wenn wir plötzlich in uns spürten, daß da noch jemand da ist, dann würde uns das verstören. Wenn wir jemanden hörten, der riefe ›Hallo, jetzt rechts fahren ... jetzt links einbiegen‹..., das wäre am Anfang vielleicht ganz interessant und lustig, aber bald würden wir in einer Irrenanstalt landen.

So bleibt uns nur das Fühlen, das feine Gespür ... wir brauchen nichts weiter zu tun, als uns zu entspannen, ›in Null‹ zu sein und hinzuhorchen ... es gibt da keine Techniken.

Das ist eine Erklärung dieser ›Zwei‹ in uns. Wir denken immer, daß wir eine Person sind – doch wir sind nicht eine, wir sind zwei!

Und im Laufe der Zeit wird uns das immer klarer werden, und jeder wird es an sich anders feststellen, denn jeder ist anders. Jeder wird seine persönlichen Erfahrungen machen ...«

Das Gesetz des Potentials und seine Vermehrung

»Sich zu entwickeln heißt bekanntlich, sich loszulösen – und sich loszulösen heißt, sich zu reinigen – und sich zu reinigen heißt, seine Wünsche auszulöschen, die Wünsche und Vorstellungen also entsprechend den Sieben Energiezentren, nämlich

die sexuellen,
die vitalen (des Haben- und Besitzen-Wollens),
die sentimentalen
die der besitzergreifenden Liebe,
die des Bewußtseins seines Selbstes und seiner Persönlichkeit,
die der Mental-Konstruktionen und
die der höheren Prinzipien.

Sich weiterzuentwickeln bedeutet also ›zu sterben‹ – das heißt, sein auf der vitalen Energie aufgebautes Leben effektiv sterben zu lassen.

Doch an die Stelle der allmählich ersterbenden Vital-Energie tritt eine andere Energie, eine Energie, die nicht dual, also ohne Polarität ist, eine Energie, die bewußt und rein ist. Sie ist ›nicht von dieser Welt‹, in der wir leben und die in erster Linie eine vitale Welt ist.

Das Charakteristische dieser Energie ist ihre Kraft und ihre Meisterschaft über die Materie.

Jeder Mensch wird nun, je nach der ›Reinheit‹ seines physischen und seines astralen Körpers, zu einem wachsenden neutralen Potential dieser anderen Energie. Wir können diese auch als ›supra-materielle‹, also als eine über oder hinter der materiellen Ebene gelegene Energie bezeichnen.

Diese Energie-Masse wächst mit zunehmender Seelenschwingung und ›Transformation‹ des physischen Körpers. Sie wird damit mehr und mehr zu einem direkten ›Intuitions-Empfänger‹ für Mitteilungen, die vom Allessteuernden

Göttlichen Bewußtsein stammen, beziehungsweise von Wesen, die in einer anderen Ebene an der Entwicklung der Menschheit arbeiten.

Diese Gesetze über die Vergrößerung des Potentials sind für den menschlichen Verstand nur sehr schwer erfaßbar – denn ihr Mechanismus ist der Funktion unseres Verstandes entgegengesetzt. Der in der Entwicklung befindliche Mensch sollte deshalb

nicht ›an den Dingen hängen‹ (entsprechend den sieben Chakras),
die Vergangenheit vergessen,
dem Guten wie dem Schlechten auf die gleiche Weise gegenüberstehen,
alle Situationen und alle Menschen als ›gleich-wertig‹ akzeptieren,
auf die Führung durch die Intuition vertrauen,
immer wieder sein Mental in Frage stellen und ständig wachsam sein.

Das Gesetz von der Vergrößerung des Potentials scheint für das Mental ein fortwährendes Paradoxon zu sein. Erst später, im Laufe der Zeit und mit mehr Vertrauen, läßt sich hinter den Ereignissen ein logischer Zusammenhang erkennen – ein Göttlicher Plan, der Rücksicht auf jeden einzelnen Menschen nimmt.«

II. Teil

Die Transformation der Materie

»Heute wirken zwei Energien auf den Menschen ein, die einander entgegengesetzt sind: Die alte Energie des vitalen Lebens, der Materie – und die hochfeine geistige Energie von ›dahinter‹.

Die neue Energie wirkt ›hinter‹ dem Schicksal der Menschheit, sie durchdringt die Menschen und arbeitet daran, daß die Menschen ihrem bisherigen Schicksal entweichen und teilhaben können am Wirken einer größeren Dimension – damit sie endlich eintreten können in einen neuen Mechanismus, in einen Göttlichen Plan.«

6

Neue Energien auf der Erde

»Wer spürt heute nichts von der Unruhe und Unsicherheit, die überall unsere gewohnte Welt infrage stellt? Wer wagt denn noch, zu planen oder Entwicklungen vorauszusagen? Wir befinden uns inmitten einer gewaltigen Umwälzung, die alles erfaßt und nichts mehr sicher sein läßt. Und wir täuschen uns, wenn wir davon ausgehen, daß die Zeit der Umwälzung bald vorbei sein wird. Aber was ist das nun, was uns so beunruhigt und was uns die alte Sicherheit nimmt?

Der Mensch hat sich daran gewöhnt, in der Außenwelt zu leben, und so sucht er auch jetzt in der Außenwelt nach den Ursachen für sein Dilemma und nach den Mitteln, die ihn daraus befreien könnten. Wir müssen aber bedenken, daß *alles, was wir sehen und hören, nur Niederschläge in der Materie sind von dem, was jenseits unserer Sinne in einer anderen Welt arbeitet, beziehungsweise dort vorbereitet wird.*

Dort, jenseits unserer vertrauten Welt, sind Kräfte am Werk und bahnen große Entwicklungen an, die alles in den Schatten stellen werden, was bisher war. Es werden dort Veränderungen vorbereitet, die unser Vorstellungsvermögen überfordern.

Ich habe Ihnen erklärt, daß Entwicklungen nicht kontinuierlich, sondern in Zyklen erfolgen. *Und in unserer Zeit beginnt ein neuer Zyklus.* Seit zwanzig, dreißig, fünfzig Jahren – vorbereitet schon vorher – wirken Energien auf unsere Erde ein, die neu sind bezüglich ihrer Stärke und Qualität.

Beobachten wir doch die Menschen, wie sie suchen: Sie lesen Bücher, sie meditieren und sind offen für Neues. Der größte Teil der Menschheit spürt schon, daß etwas vor sich geht.

Nur wer kann es auch erklären? Innerlich ist die Menschheit durchaus offen – doch äußerlich ist sie noch verschlossen... denn es ist nichts zu sehen, so daß man nicht verstehen kann, was vor sich geht...«

»Berührt diese geistige Evolution nur Menschen, die sich dafür interessieren?«

»Aber wo denken Sie hin? Hier handelt es sich um einen generellen Prozeß, der nicht nur einige wenige Menschen angeht, der vielmehr Millionen von Menschen erfaßt.

Die Erde als Ganzes, die Materie überhaupt macht diese Entwicklungsphase durch.

Es ist eine neue Energieart, die auf die Erde einwirkt, die neue Wege sucht und alles mitreißt. Alte Gesetze werden hinfällig und neue müssen beachtet werden. Alle sind davon betroffen!

Und wer sich nicht dafür interessiert – um so schlimmer für ihn. Er kann nicht einfach beiseite treten und sagen: ›Das geht mich nichts an‹. Auch wer sich dagegen wehrt, wird mitgerissen – oder aber er geht zugrunde.

Denn niemand kann sich diesen Kräften des Zeitgeistes entgegenstellen.

Wir sehen nur die äußeren Auswirkungen, aber hier geht es nicht um einen äußeren Prozeß.

Alles findet in unserem Inneren statt, dort liegt der Ursprung – und das Äußere folgt ihm nur.

Die Entwicklung im Inneren geht unbewußt vor sich. Sie reift, sie wächst – und plötzlich ist etwas da, plötzlich zeigt sich in der Außenwelt etwas, und wir wissen nicht, woher es gekommen ist. Die Veränderungen kommen aus unserem eigenen Inneren. *Wir* verändern uns.

Dabei geht alles viel zu schnell, als daß unser Mental folgen könnte. Die Funktion unseres Mentals ist an die Vergangenheit gebunden, denn sie arbeitet mit den Elementen der Vergangenheit und projeziert diese in die Zukunft. Die Funktion unseres Mentals ist auch physiologisch bedingt und kann sich darum nicht so rasch verändern, wie dies heute erforderlich wäre. Und so können wir nicht alles verstehen, was vor sich geht.

Sehen Sie sich unser Kinder an! Sie sind in diese Zeit hineingeboren, sie gehen mit ihr, sie folgen dieser neuen Bewegung – aber *wir* verstehen sie nicht.

Zwar hat die Jugend schon immer versucht, neue Wege zu gehen, denn die Jugend ist noch anpassungsfähig. Heute aber kommen noch zusätzliche Elemente hinzu, die eine solche Entwicklung verstärken.

Der junge Mensch spürt die neue Welt, die hinter der unseren steht, die hereinkommen will und die zunehmend unsere alten Werte in Frage stellt. Er ist noch weich, noch nicht so festgelegt, er ist mental noch anpassungsfähiger und offener, es fällt ihm leichter, mitzugehen.

Denn um ›mitzukommen‹, können wir nur versuchen, offen zu sein und zu erfühlen. Wir müssen bereit sein, uns mitnehmen zu lassen, wir müssen versuchen, hinter die Dinge zu sehen.

Wo das Mental uns nicht weiterhelfen kann, müssen wir es überspringen... so wie es die Kinder tun.

Natürlich ist es gut, die neuen Gesetze zu kennen, nach denen unsere Entwicklung und unser zukünftiges Dasein ablaufen werden. Dabei geht es um das Wissen über die Energiezentren der Menschen und über das Ego, über die Zyklen und über die Kräfte, die die Welt lenken.«

»Wenn Sie von der Zukunft sprechen, meinen Sie damit zum Beispiel die nächsten hundert Jahre, oder an welche Zeitspannen denken Sie?«

»Es geht nicht um die nächsten hundert Jahre, sondern um die nächsten 5, 10 und 15 Jahre. Wir müssen bedenken, daß in der geistigen Welt viele Entwicklungen schon vorgezeichnet sind, die in den nächsten Jahren ablaufen werden.

Der Prozeß ist im Gange – es handelt sich um eine permanente Revolution. Es ist nicht übertrieben, wenn ich in diesem Zusammenhang von ›Dynamit‹ spreche!

Die in Abbildung 14 dargestellte Kurve erklärt, warum wir heute inmitten einer so kritischen Phase der Menschheitsentwicklung stehen: Die spirituelle Entwicklung der Menschheit hat einen Tiefpunkt überschritten.

Nun ist es hier wichtig zu wissen, daß sich die Menschheit in den letzten Jahrhunderten diesbezüglich nicht, wie allgemein angenommen wird, ›weiterentwickelt‹, sondern zurückentwickelt hatte. Die Menschheit war zunehmend tiefer in die Materie eingedrungen. Sie hatte ihren Verstand, ihr Mental zwar weiterentwickelt, die spirituelle Entwicklung aber war zurückgeblieben.

Seit wenigen Jahrzehnten jedoch verläuft die Entwicklung umgekehrt. Und diese Umkehrung ist durchaus nicht etwas, was immer wieder passiert, sondern *sie ist* das *Phänomen unserer heutigen Zeit.*

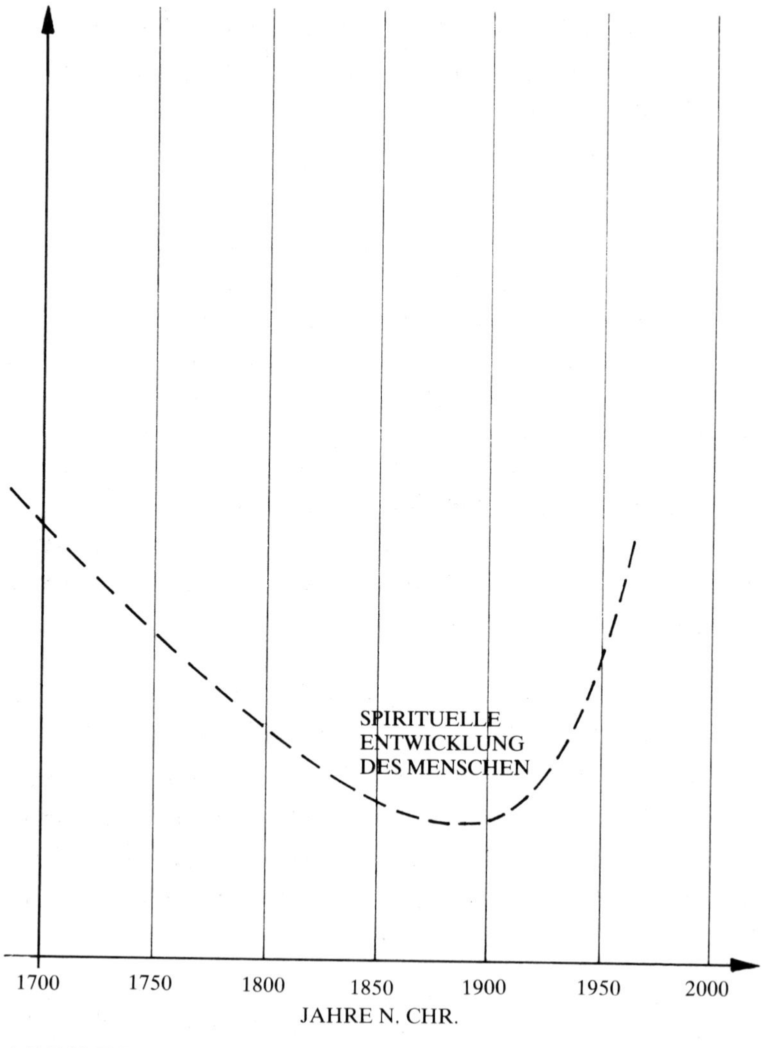

ABBILDUNG 14: *... Die spirituelle Entwicklung der Menschheit hat einen Tiefpunkt überschritten....*

Aus der auf Abbildung 14 wiedergegebenen Kurve können wir auch ablesen, mit welcher unglaublichen Geschwindigkeit die Entwicklung jetzt abläuft – und wir können uns deshalb auch die beträchtlichen inneren und äußeren Komplikationen vorstellen, die noch auf uns zukommen werden ...«

Der Mensch stammt nicht von dieser Erde

»Der Mensch atmet Sauerstoff, und sein Körper funktioniert entsprechend. Aber das Atmen von Sauerstoff ist eine Anpassung des Menschen an die Bedingungen dieses Planeten. Eigentlich sollte der Mensch die Energien, die er zum Funktionieren seines Körpers braucht, direkt aufnehmen und nicht den Umweg über die Luft gehen müssen.

Der Mensch stammt nicht von dieser Erde. Er hat sich aus anderen Dimensionen heraus entwickelt.

Deswegen ist es für ihn so schwer, sich hier spirituell zu entfalten. Er atmet heute Sauerstoff, und er nimmt andere chemische Stoff auf, die charakteristisch für diese Erde sind. Diesen chemischen Verbindungen entzieht er die Energien, die er braucht, um seinen Körper zu erhalten.

Aber es ist verständlich, daß die Energien, die auf diese Weise gewonnen werden, nicht die gleiche Wirkung haben, als wenn sie direkt aus dem Kosmos genommen würden.

Was spielt sich nun in unserer Zeit jetzt ab? Die Erde wird von einem Prozeß erfaßt, *der gleichzeitig esoterischer und chemischer Natur ist.* Es wirken heute Energien, also Vibrationen, auf die Erde ein, die die Chemie des Körpers, seine Festigkeit und seinen Stoffwechsel verändern.

Ebenso bewirken diese Vibrationen, daß sich das Nervensystem ändert und daß der Mensch dadurch zunehmend empfindsamer und damit empfangsbereiter für diese neuen Energien wird.«

Der Mensch ändert sich

»Diese Veränderung des materiellen Körpers des Menschen bewirkt, daß seine Sinne anders arbeiten, daß er mehr hört und mehr sieht.

Wenn wir Auto fahren oder eine Schallplatte hören, entwickeln sich dabei unsere normalen Sinne. ›Dahinter‹ aber gibt es eine andere Chemie, eine ›astrale Chemie‹, eine Chemie von anderer Dimension.

Diese andere Chemie einer anderen Dimension bringt den Menschen in eine andere chemische Durchlässigkeit, eine andere Sensibilität, eine andere Empfangsbereitschaft, und sie bewirkt, daß der Mensch ganz langsam, ohne daß es ihm bewußt wird, andere, neuartige Energien aufnimmt.

Und was ist das Ziel?

Der Mensch, der jetzt nur ein halber Mensch ist, nämlich der Mensch der Materie, soll zu einem ganzen, zu einem göttlichen Menschen werden. Eines Tages wird er dann nicht mehr die irdischen Elemente brauchen, um sich zu ernähren und Energie aus ihnen zu ziehen.

Der Mensch wird dann zu einem Wesen werden, das eine Energie aus einer anderen Dimension direkt erhält.

Und man soll sich vorstellen – aber wie kann man sich das heute vorstellen? –, daß dann der Mensch in mehreren Welten zugleich lebt, daß er in dieser Welt hier genauso lebt, wie in einer anderen Welt – in einer Welt, in der er nicht mehr essen und nicht mehr Sauerstoff atmen muß.

Nicht nur der Mensch – die ganze Materie wird davon betroffen sein!

Allerdings eine zu schnelle Entwicklung ist nicht gut, denn sie ist mit Leid verbunden. So kann eine zu schnelle Entwicklung eine irdische Katastrophe herbeiführen. Und was verstehe ich unter einer irdischen Katastrophe? Eine Situation, in der die Materie, die Erde selbst leiden muß...

Der Mensch besitzt so außerordentliche Möglichkeiten!
Aber derzeit befindet er sich in einem Zustand, der ihm nicht angemessen ist, er befindet sich in einem noch primitiven Zustand. Gleichzeitig hat er aber Macht hier auf der Erde – das ist das Paradoxe.

Trotz seines noch unterentwickelten Zustandes hat er seine Hand an die Materie gelegt, steht er im Begriff, die Materie zu beherrschen.

Und das ist genau der Grund, weshalb außerirdische Wesenheiten, weshalb Kräfte von außerhalb unserer Dimension jetzt auf diese Erde, auf die Materie und auf den materiellen Körper einwirken und alles imprägnieren, alles durchdringen mit neuen Vibrationen.

Nur ist der Mensch noch nicht bereit, diese neuen Energien aufzunehmen. Er muß entsprechend vorbereitet werden. Er bedarf einer, fast möchte ich sagen, okkulten Vorbereitung. Auf jeden Fall sind einschneidende, wichtige, tiefschürfende Vorbereitungen nötig, und es ist durchaus noch offen, innerhalb welcher Zeit sich diese abspielen.

Es steht noch nicht einmal fest, ob diesen Kräften, diesen außerirdischen Wesen die Durchdringung der materiellen Körper überhaupt gelingen wird – ob die Zeit dazu ausreicht, denn es gibt die irdische Zeit, der Rechnung getragen werden muß...«

Eine neue Welt dringt ein in diese Welt

»Es geht um eine andere Welt, die in diese Welt eindringt, es geht um das Kommen einer anderen Welt, einer Welt mit anderen Energien, mit anderen Abläufen, mit anderen Systemen und anderen Wissenschaften – Wissenschaften, die mit unseren derzeitigen nicht viel zu tun haben. Unsere heutigen Wissenschaften sind ein Nichts dagegen...

Es geht um eine neue Welt in dieser Welt, es geht um eine neue Welt mit einer neuen Chemie, mit neuen chemischen Energien, es geht um eine chemische Veränderung des menschlichen Körpers!

Und im gleichen Maße, wie das passiert, wird das eigene Wollen des Menschen schwächer und schwächer. Unsere Handlungen werden aber im gleichen Maße wahrhafter – wahrhafter in Relation zu unserem eigenen Inneren!

Unser Wollen ist dann ein anderes geworden, es ist dann nicht mehr das Wollen unseres Körpers, sondern es ist das Wollen unserer ›Seele‹.

Und ist es nicht interessant zu wissen, daß von dieser Durchdringung alle Menschen betroffen sind? Ob ein Mensch ›ja‹ oder ›nein‹ sagt, oder ob er sagt ›ich bin aber Atheist‹ oder ›ich bin Kommunist‹ oder ›ich bin Kapitalist‹, ob er sagt ›ich bin aber reich und mächtig‹ oder ›ich bin klein‹ – alle sind davon betroffen.

Das ist auch gar nicht anders möglich, denn alle atmen Luft – die gleiche Luft! Und diese Luft ist es eben, die sich ändern und mehr und mehr eine andere Chemie beinhalten wird. Wer kann sich dieser Entwicklung entziehen?

Und doch gibt es derzeit Orte auf der Erde, an denen dieser neue Prozeß schwächer wirkt, und solche, an denen er stärker wirkt... Immer aber handelt es sich bei ihm um ein Geschehen, welches kollektiv wirkt, das heißt, das auf alle Menschen übergreift, die an den jeweiligen Orten leben.«

»Die Transformation der Materie schreitet im gleichen Maße voran, wie Seele und Körper zu einer Einheit zusammenwachsen.

Es wird der Zeitpunkt kommen, an dem der Körper, die Seele, das Göttliche, alles dies auf einer Linie, auf einer geraden Linie liegt.

Das ist dann der Zeitpunkt, an dem der Körper das Leben der Seele, das kosmische Leben, lebt. Das kosmische Leben, das eigentliche, wahre Leben wird dann ein integraler Bestandteil des Lebens des Körpers, der Bewegungen des Körpers sein…«

7

Die Transformation der Materie

»Seit tausenden von Jahren versucht der Mensch, mit Hilfe religiöser Systeme seine Seele und seinen Geist zu erhellen. Er betet und meditiert, er glaubt an andere Welten, die sich ihm öffnen, und er versucht, seinem irdischen Schicksal zu entfliehen – von der Erde in den Himmel.

Aber all das reichte nicht aus, um die Menschheit wirklich weiterzubringen, ja, wir haben gesehen, daß sie sich spirituell sogar zurückentwickelt hat. Die Menschheit steht vor einer Mauer.

Und nun kommt etwas Unerwartetes, seit einigen Jahrzehnten wird ein Phänomen vorbereitet.

Eine andere Dimension, eine neue Kraft, ein Geistwesen kommt auf die Erde und versucht, hier Fuß zu fassen. Wohlgemerkt, ich sagte ›versucht‹! Es handelt sich um eine Göttliche Kraft, um etwas, was wir auf dieser Erde noch nicht kennen. Es ist absolut neu, es ist etwas, was von ›oben‹ kommt – und gleichzeitig aus dem Inneren des Menschen.«

Bisher von ›unten‹ nach ›oben‹

»Die bisherigen spirituellen Schulen der Menschheit gingen den Weg von ›unten‹ nach ›oben‹. Jetzt jedoch kommt ein Geistwesen und sagt: ›Gut, das ist alles sehr schön, aber es genügt nicht. Es muß etwas aus der anderen Richtung *kommen*‹.

Heute genügt es nicht mehr, daß der Mensch ›nach oben‹ steigt. *Es geht heute um das ›Herabsteigen‹ einer Göttlichen Kraft in die Materie!*

Dieses Herabsteigen ist heute möglich, nachdem es von einigen Menschen auf der Erde – von vier, fünf vielleicht von sechs – vorher vorbereitet wurde.

Es geht also heute um das direkte Herabsteigen des Höheren oder Göttlichen Bewußtseins auf die Erde, um das Herabsteigen in die Materie – damit die Erde umgewandelt, damit die Materie ›transformiert‹ werden kann.

Dies ist ein Vorgang, der vorher noch nie auf und mit der Erde stattgefunden hat (siehe Abbildung 15), und den wir deshalb nicht verstehen können. Es handelt sich einen neuen Prozeß. Und da das, was derzeit geschieht, noch nie vorher

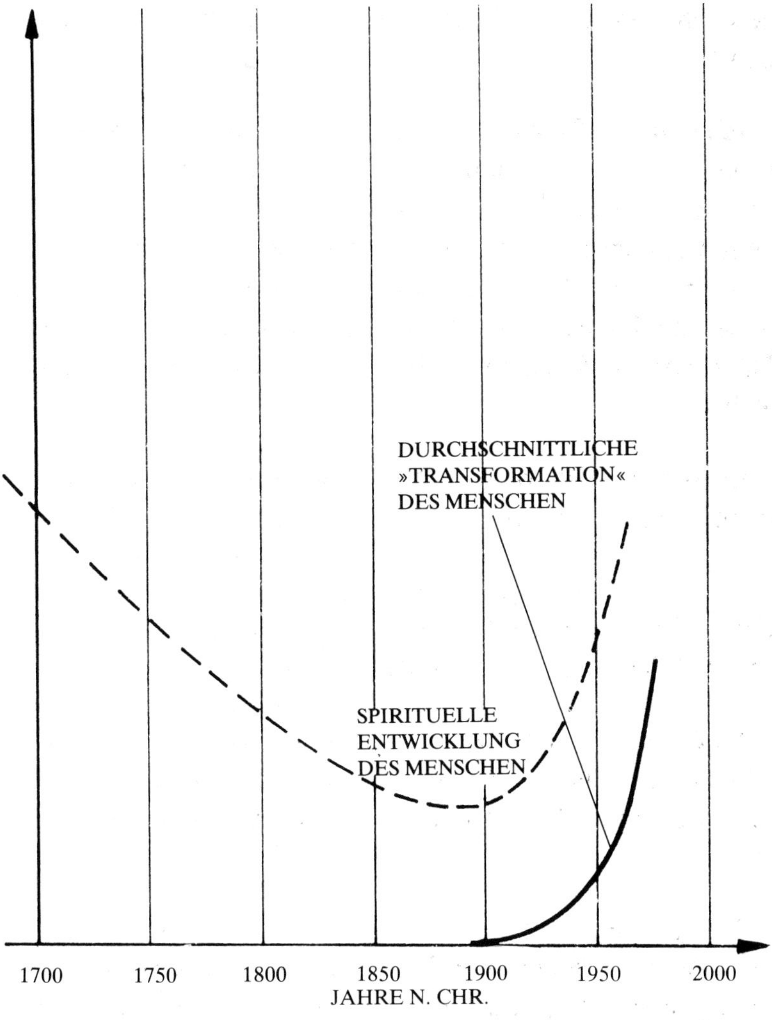

ABBILDUNG 15: *...damit die Materie »transformiert« werden kann... ein Vorgang, der vorher noch nie auf der Erde stattgefunden hat...*

geschah, lassen sich die nächsten Schritte auch nicht vorhersehen.

Ich sagte, daß diese neue Kraft von ›oben herab‹ in die Materie kommt. Das stimmt nicht ganz ... Diese Kraft hat eigentlich keinen Platz in dem System von ›oben‹ und ›unten‹. Es geht hier eher um Energien, die ›von der Seite‹ kommen, die von oben und gleichzeitig von der Seite kommen, aus einer anderen Dimension, aus einer anderen Daseinsebene... einer Daseinsebene mit einer anderen Materie und einer anderen Zeit...

Diese neuen Energien sind heute schon aktiv bei vielen Millionen von Menschen.

Es sind dies Energien, die nicht das Unglück der Menschheit wollen, sondern das Glück, ein Glück, wie es die Menschen bisher noch nicht kannten.

Sind doch die Menschen eben nur halbe Menschen. Sie leben wie... Pflanzen in einem Garten. Und es gibt geistige Wesen, die diese Pflanzen pflegen und mit ihnen experimentieren.

Wir glauben, daß unser Körper uns gehört, und wir glauben, daß wir einen freien Willen haben und daß wir frei handeln können. Aber wir müssen uns immer darüber im klaren sein, *daß diese Freiheit nur relativ ist* und daß wir im Vergleich zu den Möglichkeiten dieser Mächte ein Nichts sind!

Und doch wird dem Menschen bei alledem die freie Wahl gelassen, wenn auch eine relativ freie Wahl. Denn der Mensch besitzt eine Eigenheit: Übt man einen zu starken Druck auf ihn aus, dann wehrt er sich und entwickelt Widerstand.

Der Mensch kann wählen, der Mensch hat immer die Wahl – eine Wahlmöglichkeit bezüglich der Richtung, in der er gehen will.

Das scheint ein Widerspruch zu sein, so wie die heutige Zeit eine paradoxe Zeit ist, so wie wir in einer Zeit der scheinbaren Widersprüche und der scheinbaren Widersinnigkeiten leben. Nichts ist bestimmt, nichts ist endgültig.

Und warum nicht? Weil dieser Entwicklungsprozeß, der, der gerade begonnen hat, in dessen Mitte wir uns aber schon befinden, weil eben dieser Prozeß bisher noch nie stattgefunden hat auf Erden.«

Das Göttliche kommt in die Materie

»Heute wirken zwei Energien auf den Menschen ein, die einander entgegengesetzt sind: Die alte Energie des vitalen Lebens, der Materie – und die hochfeine geistige Energie von ›dahinter‹.

Die neuen Energien wirken ›hinter‹ dem Schicksal der Menschen. Sie durchdringen sie und arbeiten an ihnen, damit die Menschen ihrem bisherigen Schicksal entweichen und teilhaben können am Wirken einer größeren Dimension, damit sie endlich eintreten können in einen neuen Mechanismus, in einen Göttlichen Plan.

Wie sollen wir das verstehen? Wie soll unser Mental erfassen, was nicht in ihm enthalten ist? Geht es hier doch um sein Gegenstück.

In dem Maße, in dem das Neue kommt, muß das heutige Mental verschwinden. Aber wenn wir kein Mental mehr haben, sind wir verloren – denken wir! Wir denken, daß wir dann nicht mehr organisieren, nicht mehr planen, überhaupt nichts mehr tun können... Und das ist wahr; aber dann bleibt uns diese neue Energie ... diese Energie von ›dahinter‹, die Energie, die alles steuert.

Das, was heute geschieht, ist besonders problematisch für unser Mental; es wird ihm keine Möglichkeit gegeben, sich festzuhalten.

Aber unser heutiges Mental soll ja verschwinden, genauso wie unsere heutigen Gefühle, wie unsere Gewohnheiten und all das andere...

Deswegen bleibt uns nur das ›Dahintersehen‹, bleibt nur, daß wir uns außerhalb des Funktionierens unserer Sinne stellen, außerhalb von dem, was wir sehen, was wir hören... Es bleibt uns nur, daß wir Abstand bekommen zu dem, was in der Außenwelt geschieht, und erkennen, daß das Äußere nur von *relativer* Wichtigkeit ist...

Denn das, was wir sehen, ist zwar wahr – aber es ist nur ein Teil der Wahrheit, es ist die Spitze des Eisberges, die in unsere Dimension hineinreicht.

Der weitaus größere Teil, der unter dem Wasser liegt, ist unseren Sinnen verborgen, weil er sich in anderen Dimensionen abspielt, die wir mit unseren Sinnen nicht wahrnehmen können.

In den anderen Dimensionen ist aber ebenfalls Leben – und welch ein Leben!

Diese neuen Energien können nur auf unsere Erde kommen, weil andere Menschen vorher entsprechend gearbeitet und diesen Prozeß vorbereitet haben – und weil diese Menschen auch jetzt aus den anderen Dimensionen in die unsere hineinwirken und darauf achtgeben, daß alles richtig abläuft... Geben Sie sich da keiner Illusion hin und verstehen Sie richtig:

Wir sind nicht allein, es gibt noch andere Geistwesen in anderen Dimensionen, die jeden einzelnen von uns führen und ihm helfen – je nach seinem Verständnis und seiner Bereitschaft –, um die Unebenheiten des Bodens unter ihm ein klein wenig auszugleichen ...!

Diese neue Energie aus anderen Dimensionen interveniert direkt und ist direkt aktiv auf allen Existenzebenen. Sie wirkt durch alle Pläne hindurch – bis hin auf das Niveau der Materie, auf das Niveau dieser dichten und schweren Ebene.

Sie wirkt in die Materie hinein, bis sie eingedrungen ist und bis sie diese Materie verwandeln kann.

Darum ist das Handeln in der Materie so wichtig, darum ist es so wichtig, daß wir in der Materie wirken und mit ihr realisieren und in ihr konkretisieren!

Denn, wo glauben Sie, realisieren sich die göttlichen Pläne? Nur dort oben? Aber nein, die Realisierung spielt sich genauso hier ab.

Die verschiedenen Dimensionen durchdringen sich und wirken aufeinander ein. Und die Menschen nehmen daran teil…

Und wer sich nicht in voller Harmonie mit diesen Bewegungen und Absichten befindet – der geht in die falsche Richtung…«

»Es gibt keine Konstruktion ohne vorherige Destruktion.

Transformation der Materie: Das ist das Herabkommen des Göttlichen in die Materie.

Das Göttliche und die Materie sind Gegenkräfte in uns, die sich gegenüberstehen und arbeiten – und die dabei den Körper reinigen. Sie transformieren das Ego, sie zerstören das Ego.

Bei der Transformation der Materie geht es zuerst einmal um die Zerstörung des Egos.«

8

Vor der Konstruktion die Destruktion

»Bei dem Prozeß, der gegenwärtig stattfindet, dem Prozeß der Transformation der Materie, handelt es sich darum, die bisherige Arbeitsweise des Körpers – und besonders die des Mentals – zu ersetzen durch eine andere. Es geht darum, daß die Materie des Körpers transformiert und dem ›dahinter‹ ähnlicher gemacht wird.

Das ist alles – und es hat das noch nie gegeben.

Bevor aber eine solche Transformation geschehen kann, müssen bisherige gewohnte Funktionen und Schemas zerstört werden. Es ist nicht damit getan, daß man einfach etwas Neues auf das bestehende Alte aufpfropft. Entwicklung findet anders statt: Das Alte muß vorher verschwinden, es muß ein leerer Platz da sein, bevor das Neue kommt.

Denn wie will man ein neues Haus dorthin bauen, wo noch ein anderes steht? Das alte muß vorher beseitigt werden. Und dazu sind alle Mittel recht – alle: Der Hammer genauso wie der Bulldozer...!

Die Transformation der Materie ist nicht ein Vorgang, bei dem nur eine Korrektur unseres bisherigen, unseres gewohnten Lebens stattfindet. Es soll vielmehr eine grundsätzliche Neukonstruktion an die Stelle des Alten gesetzt werden, es soll eine neue Welt entstehen, die der Welt ›dahinter‹ ähnlicher ist.

In dieser ›anderen Welt dahinter‹ gibt es keinen Platz für Wünsche, für Gefühle, keinen Platz für das Sexuelle, für das Mental ... keinen Platz eben für all das, was unser Körper will.

Unsere heutige Welt hier muß jener anderen Welt angeglichen werden; unsere Welt hier, die eine Welt des Irrtums und der Lüge ist, soll ersetzt werden durch eine andere Welt.

Auch der heutige Mensch selbst ist Lüge. Er ist noch nicht vollständig, er ist noch ein Mensch ohne Göttlichkeit, ein Mensch ohne Bewußtsein, er ist ein halber Mensch, ein toter Mensch.

Das ›Dahinter‹ aber ist ewig, und es stirbt nie; nur wir hier sterben...«

Zuerst rein werden

»Das Ziel ist, die menschliche Rasse in einen anderen Zustand zu verwandeln, in einen Zustand, in welchem der Tod keine Macht mehr hat, in welchem der Tod nicht mehr existiert, in welchem das Leben anders ist.

Was ist zum Beispiel ›Muskelkraft‹?, was bedeutet sie in jener anderen Welt? Was bedeuten dort die sexuellen Impulse, die vitalen Bedürfnisse...? Sie alle haben dort keine Bedeutung, haben dort keinen Platz mehr!

Mit Belastungen dieser Art in die neue Welt zu gehen, ist nicht möglich. Sie müssen also vorher verschwinden oder verändert werden. Es geht darum, daß der Körper, der physiologische Körper, der chemische Körper, in einen Zustand der Reinheit der Zellen transformiert wird.

Dazu müssen wir die ganzen menschlichen Nichtigkeiten hinter uns lassen, diese kleinlichen Begriffe wie: ehrlich – nicht ehrlich, wahr – nicht wahr, gut – nicht gut, man muß – man darf nicht...

Alle diese Nichtigkeiten sollten uns zuerst bewußt werden, sie sollten erfühlt werden – damit sie dann fallengelassen werden können. Ich meine ›fallengelassen‹ in dem Sinne, daß sie danach einfach nicht mehr da sind.

Aber – und das ist sehr wichtig – vorher müssen sie gelebt werden, denn sonst können sie uns nicht bewußt werden.

Alle diese Nichtigkeiten des Mentals sind große Hindernisse. Um diese Hindernisse überwinden zu können, muß man sie leben, erleben, durchleben. Dazu wiederum muß man sein Leben leben, so wie es ist, damit man das erforderliche Wissen und die erforderliche Erfahrung sammeln und die entsprechenden Widerstandskräfte entwickeln kann – um mit den Hindernissen fertig werden zu können.

Was spielt sich bei der ›Transformation‹ ab?:

Etwas was rein ist, soll mit etwas zusammengebracht werden, was nicht rein ist. Dazu muß das Nichtreine zuerst gereinigt werden.

Unter Reinigung versteht man, daß etwas Unsauberes weggenommen wird. Überall dort, wo die reine Energie hinkommen soll, muß also vorher etwas Unreines weggenommen werden, muß vorher etwas gereinigt werden: das Mental, der Stolz, die Vorstellungen, das Sentimentale, die Emotionen und so weiter…

Das klingt alles recht interessant, und gerade deshalb müssen wir aufpassen. Denn unser Mental idealisiert: es sieht eine wundervolle Entwicklung vor sich – zu Unrecht. Die Entwicklung wird ganz und gar nicht nur angenehm sein! Zuerst kommt nämlich die Zerstörung unserer alten Persönlichkeit.

Und die verläuft nicht einfach, da jetzt erst einmal alles aufgegeben werden muß, an was wir uns gewöhnt haben und was bisher Bestandteil unseres Lebens war. Es geht ja um die Vernichtung unseres Egos. Nun wird uns etwas weggenommen, was wir bisher als Teil von uns selbst gesehen haben, was uns bisher lieb und wert war – und das tut weh!

Die neue Energie ist sehr stark, so ... nichtmenschlich. Sie ist ja eine reine Kraft, ist die Reinheit selbst. Mit dieser reinen Kraft konfrontiert zu werden, bedeutet noch leiden zu müssen. Es geht ja um unser Leben, so wie wir es bisher gewohnt waren. Wir müssen bereit sein, von unserem bisherigen Leben zu lassen.

Aber das ist das Gesetz aller Zeiten:
Etwas Neues kann nur aufgebaut werden, nachdem das Alte vorher zerstört wurde. Neues kompromißlos zu beginnen, bedeutet, alles andere zurückzulassen. Eine neue Welt kann erst konstruiert werden, nachdem die alte zerstört wurde.

›Transformation‹ heißt: Zerstörung dieser Welten – ein Chakra nach dem anderen. Das höhere Mental mit den religiösen Vorstellungen und Idealen, der Verstand mit seinen Konstruktionen und seiner Logik, der Stolz, die Liebe, die sentimentalen Gefühle, die vitalen Vorstellungen und Bedürfnisse, das sexuelle Leben, alles wird zerstört.

Das ist die Transformation: Die Zerstörung des Egos. Und das Ego ist doch das, was wir heute darstellen; es ist unsere heutige Person, unsere heutige Persönlichkeit. Bei der Transformation geht es also auch um die Zerstörung unserer heutigen Persönlichkeit!«

»Sie sprechen von verschiedenen Welten im Zusammenhang mit den Chakras. Wie ist das zu verstehen?«

»Der Mensch lebt nicht nur auf einer Ebene, sondern auf mehreren Ebenen gleichzeitig. (Siehe Abbildung 16.) Er hat dort, auf jeder dieser Ebenen, in jeder dieser Welten, einen Körper. Er hat sieben verschiedene Körper. Diese sieben Körper korrespondieren mit den sieben Energiezentren.

Das niedrigste, das erste Chakra ist das Sexualzentrum – das Chakra der physischen Ebene. Und unter dieser ersten Chakraebene gibt es noch etwas anderes ... Es ist etwas Dunkles, Schwarzes ... Es ist Materie schlechthin. Es ist das Allerdunkelste, was möglich ist, die dickste, härteste, zäheste Materie ... sie ist hart, schwarz, schrecklich ... aber sie existiert. Und die Transformation findet bis hierher statt!

Am anderen Ende ist das Licht, die Sonne – und dazwischen liegen die Chakras, die Ebenen des Verstandes, des Herzens und so weiter.

Wenn sich der Mensch bisher entwickeln, zum Licht hinaufsteigen wollte, dann stieg sein Mental nach oben. Sein Mental vereinigte sich dann mit dem ›Licht‹ – und er ›sah

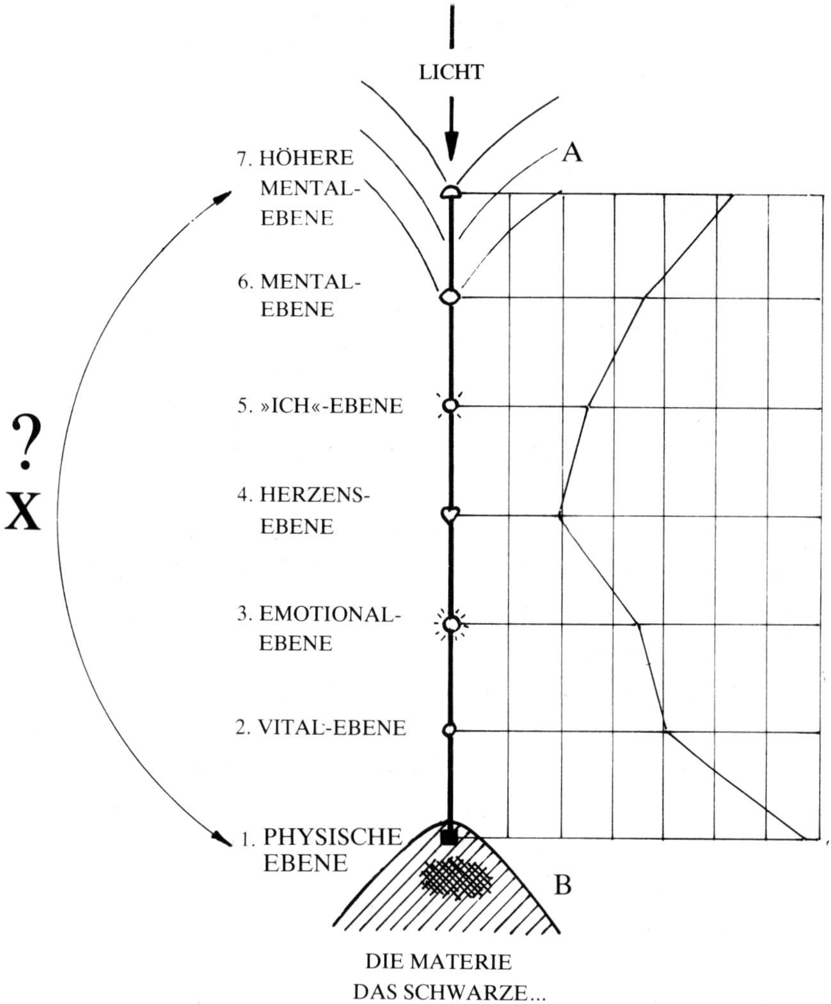

ABBILDUNG 16: *... Der Mensch lebt nicht nur auf einer Ebene, sondern auf mehreren Ebenen gleichzeitig...*

Lichter‹, hatte Einblicke und bekam auch Informationen. Und wenn er dazu die Erlaubnis bekam, durfte er dieses Wissen weitergeben beziehungsweise in die Tat umsetzen: So wurden Religionen gegründet.

Doch nun kommt unsere Entwicklung an einem Punkt an, wo das nicht mehr genügt. Nicht nur die Mentalebene soll sich jetzt mit dem Licht vereinigen; heute will das Licht, die Kraft aus der Lichtebene, herunterkommen – und nicht nur bis zur Ebene des Mentals, sondern ganz herunter bis zur untersten Chakraebene.

Und auch das genügt noch nicht: Die Materie selbst, die den Körper bildet, diese schwere chemische Materie muß ›transformiert‹ werden. Und eben das hat es bisher noch nicht gegeben.

Sie fragten, was da sei zwischen dem Licht und dem Schwarzen? Es sind dort verschiedene Ebenen, Existenzebenen, wenn Sie so wollen. Sie sind hier auf dieser Abbildung übereinanderliegend dargestellt. Man kann sich diese Welten aber auch eine in der anderen vorstellen, so wie eine Kugel in der anderen.

Und jetzt kommt das Licht – das ist die ›Transformation‹ – und verhindert, daß sich die Ebenen voneinander trennen, daß sich zum Beispiel die ›Seele‹ zeitweilig vom Körper löst und nach oben steigt: Das Licht nimmt alle diese sieben Daseinsebenen eines Menschen – und reinigt sie gleichzeitig!

Das Licht läßt also, mit anderen Worten, alles dort, wo es ist und reinigt durch alle Ebenen hindurch, bis einschließlich der Ebene des Körpers.«

»Das heißt: den Körper, die Seele und dazwischen…«

»Sehen Sie, das ist das Problem bei all diesen Erklärungen. Alles ist zu kompliziert, um einfach erklärt, zu kompliziert, um mit diesem Schema erklärt werden zu können.

Was ist die ›Seele‹? Sie ist überall, jedes Chakra ist eine Welt, in der die Seele ist… Doch was ist die Seele? Die Seele ist nicht etwas, was herumschwebt, was hierhin und dorthin geht – so ist es nicht!

Fast könnte man sogar sagen, daß es keine Seele gibt. Aber es kommt immer auf den Standpunkt an. Ich habe gesagt, daß es zwei Welten gibt. Aber es gibt auch die sieben Pläne, die Dunkelheit, es gibt die Seele, die, wenn Sie so wollen, führt, die sich inkarniert. Und es gibt das Licht… Es gibt noch viel mehr… und das eine sucht das andere…

Das scheint sehr kompliziert. Es ist immer gefährlich, so etwas überhaupt verstehen zu wollen. Dies ist immer die Gefahr eines solchen Schemas: Man kann versuchen, alles schön erklären zu wollen. Doch wenn Sie jetzt mit der Seele kommen… Das paßt einfach nicht in dieses Schema, da geht es um eine andere Dimension. Wir müssen also eine andere weitere Dimension hinzunehmen und uns das alles rund vorstellen. Aber schließlich: was heißt hier Dimension? Auch dieser Begriff ist nur eine mentale Konstruktion... Alles durchdringt sich. Und dahinter gibt es eben noch etwas, was das alles funktionieren läßt...«

> »Kann man vielleicht sagen, daß es ein ›Negatives‹ und ein ›Positives‹ gibt und daß diese beiden Elemente von einer anderen Kraft zusammengehalten werden?«

»Es gibt nichts Negatives und es gibt nichts Positives. Man kann beispielsweise sagen, negativ sei unten, und positiv sei oben. Aber das bringt uns nicht weiter, denn das eine existiert nicht ohne das andere. Wir sagen: ›das ist negativ‹ und meinen damit, daß es schlecht sei. Und wir meinen dabei auch, daß ›positiv‹ gut ist. Wir sollten eher sagen: Es gibt A und es gibt B, und A und B existieren nur, weil es X gibt. X ist der Schöpfer von A und B. (Siehe Abbildung 16.)

Das ist die Gefahr eines Schemas: Wir sprechen davon, daß eine andere Welt sich mit unserer vereinigt. Wie können wir das auf einem Schema darstellen? Andererseits ist es trotzdem gut, sich mit einem solchen Schema zu beschäftigen; es zwingt das Mental, in einem Sinne zu funktionieren, an den es nicht gewöhnt ist.

Ein Schema zwingt uns, Vorstellungen zu entwickeln, die

letztendlich immer falsch sind und die sich immer wieder widersprechen – deswegen sprechen wir ja von einem Paradoxon –, die sich aber doch der Wahrheit dahinter nähern.

Was heißt zum Beispiel ›sieben Ebenen‹? Sie existieren, und sie existieren nicht. In einer bestimmten Welt, in einem bestimmten Plan, einer bestimmten Betrachtungsweise existieren sie – auf einem anderen Plan existieren sie nicht. Aber genauso ist es letztendlich mit den Energiezentren: einerseits existieren sie – andererseits gibt es sie nicht. Und beides stimmt: Je nach dem, von wo aus wir es betrachten.

Aber bleiben wir dabei: Der Mensch sollte etwas von seinem ›spirituellen‹ Körper wissen, und er sollte wissen, daß sein spiritueller Körper aus sieben Existenzebenen besteht, oder besser, *aus sieben Energiearten.*

Wir können dann sagen, daß die eine Energieart *in* der anderen enthalten ist, so wie dies bei Kugelschalen oder bei Zwiebelschalen der Fall ist. Oder wir können auch sagen, daß die eine *über* der anderen ist. Beides ist wahr, es hängt von unserem Auge ab und von unserem Blickwinkel.

Und bei der Transformation geht es also darum, daß alle diese Schalen vom herunterkommenden Licht durchdrungen werden, daß das Licht herunter kommt bis in die dichteste Materie ... bis es schließlich ganz unten ist; daß ›Gott‹ auch unten existiert ... koexistiert ... Es geht aber auch darum, daß alle Zwischenpläne eine Einheit bilden – zusammen mit dem Licht oben!

Es geht darum, daß A = B = 1 wird, daß alles gleich wird. *Alles muß eins werden!*

Und vorher muß alles ›rein‹ sein ...«

Die Kundalini-Kraft

»Bevor ›das Licht herunterkommen‹ kann, muß alles ›rein‹ sein; das Ego des Menschen, das heißt sein eigenes, unreines Wollen, Wünschen und Denken muß verschwinden.

Bevor diese neue Energie, die Kraft der Transformation im Körper Fuß fassen kann, muß eine andere Kraft den Körper gereinigt, das Ego vernichtet haben. Die Kraft, die das Ego vernichtet, heißt Kundalini-Kraft.

Diese Kraft ist nicht unbekannt. Im Gegenteil, es wurden viele Bücher gechrieben über sie, über die ›Schlangenkraft‹, wie sie auch genannt wird. Aber wer weiß wirklich, was sie ist?

Die Kundalini-Kraft ist eine Kraft, die im Menschen selbst verborgen ist. Im geistigen Körper des Menschen, in der Wirbelsäule, gibt es einen Kanal – vom untersten Chakra zum obersten – in dem sie nach oben steigt – derzeit allerdings nur ganz schwach. (Siehe Abbildung 17.)

Im Moment genügt es, von der Kundalini-Kraft zu wissen,

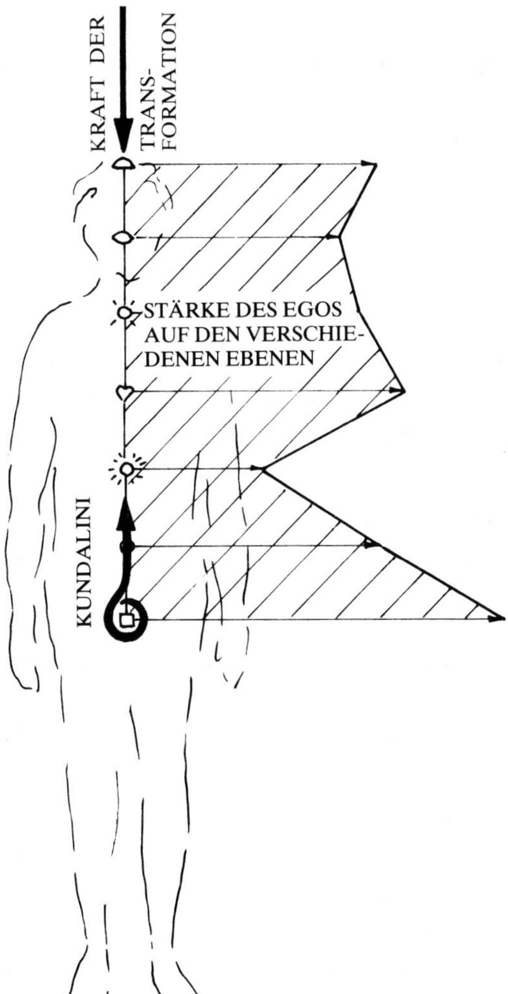

ABBILDUNG 17: *...Im geistigen Körper des Menschen, in der Wirbelsäule, gibt es einen Kanal, in dem die Kundalini nach oben steigt...*

daß *sie zerstörend wirkt – das Ego zerstörend – und daß sie den Körper physiologisch, das heißt chemisch verändert und neue Vibrationen in ihm bewirkt.*

Die Kundalini-Kraft ist eine sehr starke Kraft, und sie darf daher beim derzeitigen Entwicklungsstand des Menschen nur sehr schwach tätig werden. Sie reinigt die Energiezellen – und damit das Ego. Das Ego setzt dieser Kraft Widerstand entgegen. Deswegen wird immer wieder vor der zu frühzeitigen Erweckung dieser Kraft gewarnt.

Wird nämlich der Widerstand unseres Egos gegenüber der Kundalini-Kraft zu stark, müssen wir leiden. Und wenn die Kundalini-Kraft steigen würde zu einer Zeit, zu der das Ego noch sehr stark ist, dann könnte das sehr gefährlich werden...

Deswegen kann die Reinigung – und damit unsere Entwicklung – nur langsam erfolgen, Schritt für Schritt.

Von unten steigt die Kundalini-Kraft und reinigt die Chakras. Dann kommt von oben die Kraft der Transformation. Diese beiden Kräfte gehen abwechseln rauf und runter, durch alle Ebenen, durch alle Chakras hindurch.

Dabei reinigen, vernichten sie das Ego Schritt für Schritt – immer ein bißchen mehr. Und jedesmal verlieren wir ein bißchen von unserem Ego, von unserer alten Energie, und gewinnen etwas von der neuen Energie hinzu – und unser Potential steigt.

Wenn wir ›in Null‹ sind, das heißt harmonisch, ausgeglichen, ohne eigenes Wollen, dann funktioniert es am besten. Dann können diese Kräfte arbeiten, herauf und herunter, immer stärker. Dann geht es schneller voran – und wir müssen kaum leiden.«

In Zyklen

»Auch dieses Steigen und Sinken der Kundalini-Kraft geschieht in Zyklen. Destruktion des Egos und Neuaufbau einer neuen Persönlichkeit, die ›transparenter‹ und ›weicher‹ ist, wechseln einander ab.

Bei ›Zyklus unten‹ befinden wir uns in einer Phase der Destruktion der Persönlichkeit, der Destruktion des Individuums. Und hierbei handelt es sich dann, wie wir gehört haben, um eine wirkliche Destruktion, die sich bis in physische, chemische, physiologische Bereiche erstreckt.

Anschließend kommt die Phase der Rekonstruktion im ›Zyklus oben‹.

Beide Phasen wechseln immer wieder ab: Auf und zu, auf und zu ... Und Zyklus für Zyklus wird etwas neues geschaffen ... und jedesmal vergrößert sich in dem betreffenden Menschen das Potential – das Potential der neuen Energie.

Darum handelt diese kosmische, diese reine, starke Kraft bei Millionen von Menschen mit Hilfe der Zyklen, mit Hilfe von Phasen des Zusammenziehens und des Öffnens.

Ob wir es erkennen können oder nicht: Millionen und hunderte Millionen von Menschen sind von diesen Zyklen erfaßt – auf verschiedenen Niveaus. Und der einzelne Mensch kann und soll die Zyklen erspüren und deren Arbeitweise an sich erkennen.

Wir haben gehört, daß wir bei Steigerung der Seelenschwingung auch neues Ego aufbauen und auch schneller wieder abbauen, daß die neuen Interessen und Wünsche aber weicher sind.

Wenn wir jetzt das Wissen um die Kundalini-Kraft in die Erklärung mit einbeziehen, werden wir besser verstehen, warum ein neues Ego schneller abgebaut werden kann, sobald wir einmal ›in Null‹ waren:

In dem Moment, als wir zum ersten Mal ›in Null‹ waren, hatte die Kundalini-Kraft auch das erste Mal die Möglichkeit, ganz zart durch alle Chakras hindurch von unten nach oben zu steigen, um die Energiezellen zu reinigen: Der Weg war freigemacht.

Wenn nun neue Wünsche hinzukommen, können diese von der Kundalini-Kraft beim nächsten Emporsteigen wieder ausgelöscht werden. Und bei jedem neuen Aufsteigen wird der

Kanal für die Kundalini freier und breiter, und die Reinigung kann schneller und wirksamer erfolgen.

Und dieses Auf und Ab erfolgt in Zyklen, dieser Ego-Abbau und -Wiederaufbau, dieses Zerstören von Ego und Aufbauen neuer Wünsche, diese Destruktion und anschließende Konstruktion.

Und je freier der Weg wird, um so kraftvoller kann die reine, kosmische Energie herabsteigen und rein und unverfälscht über die Energiezentren in den menschlichen Körper einströmen.

Die Möglichkeiten der Kräfte, die im Menschen schlummern, sind unvorstellbar groß. Der Mensch verfügt über so gewaltige Energien, mit denen er nur noch nicht umgehen kann. Er ist eben noch nicht offen, er ist noch nicht fertig, er ist noch nicht vollkommen.

Diese Energie in uns ist wie eine Quelle, die endlos sprudeln könnte, die ein ganzes Meer aufzufüllen in der Lage wäre. Derzeit jedoch bringt sie nur wenig zustande – während eines ganzen Lebens. Stellen Sie sich vor, welches Energiepotential da in uns schlummert und nicht aktiv werden kann! Noch nicht...

Und jeder Mensch, so intelligent er auch sein mag, ist nur ein halber Mensch, ein halbes Wesen – er ist noch nicht vollkommen, solange er nicht bestimmte Apekte in sich verwirklicht hat.«

Die neuen Energien und die Depression

»Die neuen Energien mit ihren feinen und starken Vibrationen wirken auf das Nervensystem ein. Auch die Wirkung der Zyklen macht sich ja über das menschliche Nervensystem bemerkbar. Das Nervensystem ist also immer beteiligt. Und so können wir uns vorstellen, daß diese gegenwärtigen Prozesse, die des forcierten Konfrontiert-Werdens des menschlichen Organismus mit den neuen starken Energien, zu einer ernormen Belastung des Nervensystems führen.

Nun steht das Nervensystem in direkter Verbindung mit den gröberen Organen des menschlichen Körpers, es steuert diese.

Und der Körper ist ja noch grobe Materie, er setzt seiner Entwicklung zu höheren Schwingungsgraden auf Grund seiner Trägheit und Masse naturgemäß die größten Widerstände entgegen.

Als erstes konkretes materielles Instrument des Körpers wird also das Nervensystem mit diesen feinen, hochenergetischen Schwingungen in Berührung gebracht. Unser Nervensystem muß daher immer sensibler werden, um diese Schwingungen verarbeiten zu können – es wird hypersensibel.

Das Nervensystem steht also zwischen den immer feiner werdenden Schwingungen, die durch die Chakras einströmen, und der gröberen Materie, und zwangsläufig ist es damit das Glied in der Kette zur Weiterleitung der neuen Energien in den Körper, das am stärksten belastet wird. Deswegen ist der Schutz des Nervensystems besonders heutzutage äußerst wichtig.

Wenn die neuen Energien nicht harmonisch in den Körper einfließen können – wenn die alten Energien, die Energien unseres Egos, nicht im gleichen Maße zurückweichen – dann entsteht Disharmonie im Energiefluß. Und Disharmonie im Energiefluß bewirkt, wie wir gehört haben, daß sich die Energiezentren schließen und keine neue Energie mehr hereinlassen!

Man bezeichnet die Epoche, in der wir heute leben, als die Epoche der Depressionen. Was ist die Depression anderes als das Phänomen des Schließens der Energiezentren?! Das Schließen der Energiezentren und depressive Stimmungen gehen Hand in Hand!

Was wird dagegen getan? Man versucht unter anderem den Depressionen mit chemischen Mitteln beizukommen. Fast immer verwendet man Säurederivate. Diese Mittel aktivieren die Elektronen und noch feinere Substanzen bis hin zum Nervensystem – und sie erreichen damit eine kurzfristige künstliche Öffnung der Energiezentren.

Genauso wirken säurehaltige Drogen wie zum Beispiel Haschisch. Auch diese Drogen öffnen vorübergehend die Chakras. Aber sie sind eben künstliche Mittel und sie sind sehr gefährlich, denn man verbindet sich durch sie mit bestimmten geistigen Mächten, die sehr stark sind …

Letztendlich ist also eine Öffnung der Energiezentren nur über eine Wiederherstellung der Harmonie zu erreichen, *danach können die Energien wieder frei fließen.* Und wie läßt sich diese Harmonie herstellen? Immer auf die gleiche Weise: Entspannen, loslassen, nicht wollen, nicht wünschen, ›weich‹ sein, offen sein – mit einem Wort gesagt: *›In Null‹ sein!«*

9

Eine neue Welt

»Das, was falsch ist im Menschen – in Relation zu dieser neuen Energie – muß zuerst verschwinden. Und damit ist seine alte Persönlichkeit, sein Ego gemeint.

Der Mensch muß erst seine alte Persönlichkeit verlieren.

An die Stelle dieser alten Persönlichkeit kommt danach etwas Anderes, es nimmt deren Platz ein:

Sobald die sentimentalen Gefühle verschwunden sind, kommen andere ›Gefühle‹; sobald unsere Liebe verschwunden ist, kommt eine andere Liebe; sobald unser Wollen verschwunden ist, kommt ein anderes Wollen; und sobald die materiellen Bedürfnisse verschwunden sind, kommen überhaupt andere Bedürfnisse.«

Ein anderes Funktionieren

»Aber was ist dieses Andere, was sind seine Funktionen? Nun, es handelt sich bei ihm um das Gegenteil von dem, was wir kennen:

Es ist die Weichheit, es ist die Anpassung, es ist die Einfachheit, es ist die Ruhe, es ist die Wahrheit...

Es ist eine andere Intelligenz; es ist eine andere Art, sich zu bewegen; es ist eine andere Art zu leben. Es ist ein Handeln mit einer anderen Kraft dahinter. Es ist ein Handeln ... dem alles möglich ist.

Es sind andere Vorstellungen, andere Ideen ... Ideen, die aus einer anderen, einer schöpferischen Sphäre kommen...

Und in der Zukunft wird es demnach Menschen geben, die eben anders funktionieren, die man heute nur schwer verstehen könnte. Und in der Zukunft werden – wie kann es anders sein – auch die Organisationen, die Firmen, die politischen Einrichtungen – ja, selbst die militärischen Einrichtungen – anders funktionieren...

Die Art und Weise, wie diese zukünftigen Menschen sehen, und von was sie motiviert werden – alles wird eben etwas anders sein.

Vor allem wird man die Menschen nicht mehr nach ihrem äußeren Auftreten einschätzen. Wir werden sie nicht mehr nach dem beurteilen, was sie äußerlich darstellen – in der Zukunft.

Ob das schon in ... fünf, zehn Jahren der Fall sein wird? Ich weiß es nicht ... aber wir sind jedenfalls auf dem Wege dorthin...

Aber immer wieder aufgepaßt! Es gibt keine Konstruktion ohne vorhergehende Destruktion.

Und jeder einzelne Mensch muß durch diese beiden Phasen hindurch: Durch eine Phase der Destruktion und dann durch die Phase, in der alles wieder aufgebaut wird.

Und nicht nur der einzelne Mensch ist davon betroffen. Dem gleichen Gesetz unterliegen auch Gruppen, Firmen, Organisationen. Immer ist zuerst die Zerstörung der alten Strukturen notwendig, die des alten Mentals, der alten Denkgewohnheiten, Konzepte und Organisationsformen. Danach folgt auch hier der Neuaufbau mit mehr Weichheit, mehr Flexibilität, mehr Einfachheit, mehr Individualismus und so weiter, eben mit weniger Mental... mit einem anderen Mental...«

Ohne Mental?

»Immer zuerst die Destruktion: Vor allem die unseres Mentals...

Wir meinen, daß es unmöglich sei, nicht zu denken, das heißt, ohne Verstand zu leben. Wenn wir einen Fachmann fragten, ob er sich vorstellen könne, daß ein Mensch lebt und handelt, ohne zu denken, dann würde er sagen, ›das ist nicht möglich‹. Nun, es wäre nur natürlich, wenn er sich so äußerte. Und doch ist es möglich!

Wir können leben, ohne zu denken, und wir können auf diese Weise sogar sehr gut leben! Und wir können so nicht nur sehr gut leben – *wir können so vor allem einfacher leben, mit der größten Ruhe und Schlichtheit – und dabei mit dem höchsten Wirkungsgrad. Wir können leben, ohne zu denken; ja, das ist möglich, das ist wahr!*

Der Mensch konstruiert Flugzeuge und Autos und Maschinen und Häuser – alles mit Hilfe seiner Intelligenz. Und der Mensch denkt, daß er der restlichen Schöpfung überlegen ist, weil er diese Intelligenz besitzt und weil er mit ihrer Hilfe handeln kann.

Es ist für einen Menschen schwer, sich vorzustellen, daß er nicht intelligent zu sein, nicht denken zu können braucht und daß er trotzdem schöpferisch tätig sein und neue Dinge schaffen kann, mit neuen Formen und mit neuen Wirkungsweisen. Der Mensch wird eines Tages direkt realisieren, direkt materialisieren können, was der Geist in ihm will! Ja, das wird eines Tages möglich sein! Dann wird der Mensch der wirkliche Meister der Materie sein…

Der gegenwärtige Mensch aber ist noch nicht Meister der Materie. Er formt die Materie um, er setzt sie zusammen, er verbindet Eisen mit Kunststoff, er verwendet Schrauben und Nägel. Das ist die Arbeit des Mentals.

Aber der Mensch, der über oder hinter dem Mental funktioniert, der mehr leistet – nun, der wird direkt schöpferisch wirken können...

Vorher allerdings müssen im Menschen die entsprechenden Voraussetzungen geschaffen, das Falsche, das Unreine entfernt werden. Deshalb sollten wir die Grundprinzipien der Transformation kennen, das heißt die Wirkungsweisen der Zyklen, das Wechselspiel um das Öffnen und Schließen der Energiezentren, die große Bedeutung des ›In-Null-seins‹; *sollten wir wissen, wie eminent wichtig es ist, sein eigenes, sein individuelles Leben zu leben,* und so weiter.

Es handelt sich hier um Elemente der Evolution, die das Ziel haben, den Menschen zu reinigen, ihn auf eine höhere Schwingungsebene zu heben und sein Potential an neuer Energie zu erhöhen.

Dann kommt eine Kraft, ein Geistwesen, nennen wir es ein Höheres, Göttliches Wesen – oder die Seele, wenn Sie so wollen.

Dieses Wesen übernimmt die Führung des Körpers, und dies geschieht über das Nervensystem.

Das Göttliche Bewußtsein übernimmt die Steuerung der Organe, die Funktion der Organe, die des Herzens, der Lunge, der Atmung, der Bewegung – und die des Gehirns.

Das Göttliche Bewußtsein übernimmt sogar die Sprache, es übernimmt die Funktion des Auges, des Ohrs, und aller Sinne. Und alle Bewegungen, alle Gesten eines solchen Menschen werden zu Bewegungen und Gesten des Göttlichen Bewußtseins.

Das sei alles ferne Zukunft, meinen Sie? Nun, es gibt jetzt schon Menschen, sogar eine ganze Menge Menschen, die entsprechend interessiert sind, die bereits davon betroffen sind ... und die eine Antwort suchen – weil sie nicht verstehen, was schon jetzt in dieser Beziehung mit ihnen vorsich geht.«

Die Transformation der Materie und der Tod

»Das Leben heute – wozu das? Und der Tod – wozu der? Was ist denn dieses Leben? Das Leben, so wie es heute verstanden und gelebt wird, ist doch gar kein Leben – wenn wir es mit ›anderen‹ Augen sehen.

Hinter dieser Welt hier, hinter dieser Welt unserer Körper, gibt es eine andere Welt, ein anderes Leben. Was ist unser Körper? Und was steht hinter ihm?«

»Und der Tod, was ist der Tod?«

»Der Körper wird so wichtig genommen. Wie müssen das anders sehen: Wir sprechen vom Ego, von den Wünschen des Körpers. Das mag richtig sein. Aber wir sprechen zuviel vom Körper – und so wichtig ist der Körper, wie wir ihn sehen, nun wiederum nicht. Das Problem liegt beim Mental:

Es gibt nichts Totes. Wir meinen nur, daß es den Tod gibt. Aber es gibt ihn in Wahrheit garnicht! Wir sterben, weil wir an den Tod glauben. Wir sterben, weil wir denken, daß wir sterben – deswegen sterben wir! Und weil wir denken, daß es gut ist, daß wir sterben...

Dabei ist alles immerzu lebendig, lebt alles ohne Ende – wenn auch der Tod überall zu sein scheint. Und wie ist dieser Widerspruch zu erklären?

Indem man darauf hinweist, daß es letztlich nur *das Eine* gibt, welches alles ist, das alles kann – das auch verhindern kann, daß wir sterben.

Und wenn das, von dem wir sprachen, wenn dieses ›Zwei in einem‹, dieses ›Wir – und etwas anderes‹, wenn dies *eins* geworden ist – nun, dann gibt es den Tod auch für uns nicht mehr!

Wir sprechen davon, daß sich bei der Transformation der Materie der Körper auflöst. *Ja, die Transformation der Materie ist die Desintegration der Materie.* Nach der vollendeten Transformation gibt es den heutigen Körper nicht mehr!

Der Körper hat Sinne, und der Körper lebt durch die Sinne.

Ein Leben ohne Sinne, so stellt man sich das vor, gibt es nicht; also ist es der Tod. Aber wessen Tod? Es ist der Tod von etwas, was wir uns unter Leben *vorstellen.*«

»Ist der Tod nicht eher das Ende einer bestimmten Art des Funktionierens?«

»So ist es. Es ist der Tod ›der Wirkung des Todes‹.«

»In einem gewissen Sinn müßte man also unsterblich werden...«

»... Man sagt, die Seele sei unsterblich, sie verlasse den Körper und so weiter. Das Ideal aber wäre es vielleicht – ich weiß nicht sicher, ob dies wirklich das Ideal wäre! –, einen unsterblichen Körper hier auf Erden zu haben.

Sicher jedenfalls wäre dieser Körper dann nicht mehr der gleiche, den wir jetzt kennen. Dieser Körper wäre vollständig ›transformiert‹.

Ich meine dabei nicht eine Mutation des Körpers, oder etwas, das durch einen plötzlichen ›Klick‹ herbeigeführt würde. Es würde nicht etwas plötzlich von einer Seite auf die andere überwechseln. Nein, es geht hier um etwas anderes; um etwas, was man schwer ausdrücken kann. Es fände eine Art Dematerialisation statt – unter Beibehaltung des materiellen Körpers.

Aber das alles sind Worte; und man sollte die ganze Sache

nicht zu kompliziert sehen, sie nicht mit Worten zu sehr komplizieren. Wie soll man so etwas erklären?

… Dann ist der Schöpfer in der Schöpfung, dann ist der Schöpfer mit der Schöpfung vereint. Dann gibt es den heutigen Körper nicht mehr, dann gibt es die heutigen Sinne nicht mehr, und es gibt das heutige Mental nicht mehr – und dann gibt es auch den Tod nicht mehr!«

»Wir sagen: ›Wir leben hier, wir arbeiten hier – und dort oben gibt es einen Gott‹. Doch diese Kraft ist überall … sie ist der Fluß, der um uns fließt … sie ist der Ozean alles Seins, in dem wir schwimmen …

Und wir sagen: ›ER ist derjenige, der alles erschaffen hat und der alles entscheidet.‹ Doch alles Sein ist kollektiv. Alle Entscheidungen können also nur kollektive Entscheidungen sein … es gibt keine individuellen Entscheidungen – ohne die anderen …!«

III. Teil

Das große Abenteuer

»Jeder muß seine eigenen Erfahrungen machen. Die Zusammenarbeit mit dem ›Kosmischen Großen Menschen‹ ist ein Abenteuer, zu allererst ein Abenteuer mit sich selbst – aber auch ein Abenteuer mit den anderen.»

10

Eines der größten Abenteuer der Menschheit

Es geht heute um die »Transformation der Materie«, um die Überführung der physischen Ebene in einen anderen Zustand. Es geht um eine Änderung des chemischen und physischen Zustandes unseres Körpers. Und diese Änderung wird bewirkt durch neue Energien, die in den Menschen, in die Materie dringen, feine Vibrationen einer starken Energie.

»Heute – das ist der große Unterschied zur Vergangenheit – heute braucht der Mensch nicht mehr aus eigener Kraft von unten nach oben zu streben zum Licht – heute kommt das Göttliche zu ihm herunter! Dabei müssen wir uns im klaren darüber sein, daß dies ein Prozeß ist, der nicht nur zweihundert oder dreihundert oder fünfhundert Menschen betrifft. Es handelt sich hier vielmehr um einen Prozeß, der zwangsläufig die ganze Menschheit erfaßt – und der zudem nicht irgendwann in der Zukunft abläuft, sondern der bereits begonnen hat. Wir sind bereits mitten drin in dem Prozeß!«

»Natürlich soll man fragen, auch versuchen zu verstehen … aber dann sollte man dahin kommen, daß das Mental die Erklärungen wieder losläßt!

Und es werden Fragen kommen, das ist normal – und dann werden auch Antworten kommen. Doch vielleicht kommen auch keine Antworten – nicht sofort … Dennoch ist sicher: Wenn man fragt, bekommt man eine Antwort … nur die Antwort kommt zu ihrer *Zeit.»*

»Und wer ist sich dieser Vorgänge bewußt?

Dieser große Prozeß spielt sich im allgemeinen im Bereich des Unbewußten ab. Und das ist verständlich. Denn glauben Sie, das Göttliche Bewußtsein, welches diesen Prozeß auslöst, diese wunderbare Kraft hätte die Zeit, den Menschen zu erklären: ›Achtung, Ihr müßt das so machen, ... dann so!‹?

Stellen Sie sich nur vor was passieren würde, wenn man jedem Menschen erst alles erklären – und möglichst noch seine Zustimmung einholen wollte...! Was machen also ›diese Kräfte da oben‹?

Sie senden eine Energie – danach ist es den Menschen überlassen, sich zu erklären, was da gesandt wurde. Ja, so ist es: Die Menschen müssen es sich selbst erklären.

Und wenn das nicht möglich ist – nun, schade. Wer es versteht, der versteht es, wer aber nicht versteht, der versteht halt nicht... Doch aufgepaßt dabei, alles geschieht sehr schnell! ...«

»Und warum kann man das nicht erklären?»

»Wie? Glauben Sie, daß man das zwanzig Leuten erklären

kann? Gleichzeitig? Das geht nicht. Man müßte es individuell machen, einer Person nach der anderen. Aber wer hat da die Zeit dazu? ...

... Die Zeit, die Zeit ... wie kann man die höchsten spirituellen Phänomene verstehen – oder wie soll man sie gar verständlich machen? ... Die Zeit ... in der Materie dauert alles so lange, so lange ... es ist alles so schwer, so träge ...«

Zuerst eigene Erfahrungen sammeln

»Und wie könnten Erklärungen helfen? Wir können an die Erklärungen erst gehen, an die wissenschaftlichen Erklärungen – denn es handelt sich durchaus um wissenschaftliche Erklärungen, auch wenn natürlich okkulte Phänomene dabei eine Rolle spielen, die wir heute noch nicht verstehen –, wenn wir Erfahrungen gesammelt haben.

Wir müssen mit diesen neuen Kräften erst experimentieren und Erfahrungen sammeln.

Denn das Verstehen-Wollen ohne die Realisation, die lebendige, experimentelle, konkrete Realisation dessen, was ich bisher sagte, bringt uns nicht weiter. Das würde nur unser Mental befriedigen, sonst aber nichts bewirken.

Wir können uns mit diesem Thema nur dann konkret auseinandersetzen, wenn wir ein Minimum an eigener Erfahrung gesammelt haben – und wenn wir den Zweifel durchgemacht und anschließend wieder die Bestätigung und die Sicherheit gefunden haben.

Ja, der konstruktive Zweifel ist notwendig! Und das Höhere Bewußtsein sendet uns immer beides gleichzeitig: Den Zweifel, den tiefsten Zweifel – und dann wieder die Bestätigung.

Und anschließend sind wir sicherer geworden. Zweifel – und anschließend das Vertrauen. Beides liegt eng beieinander. Und beides bedingt einander – und ist konstruktiv.

Aber das erfahren wir nur, wenn wir in die Praxis gehen und experimentieren. Wir müssen selbst Erfahrungen sammeln – nur keine Angst davor!

Experimentieren – und keine Angst dabei haben – realisieren, fühlen, mehr sehen, ›dahinter sehen‹! Das ist das, was jeder tun kann ...

Und keine Angst haben! Wir sind inmitten eines der größten Abenteuer der Menschheit!

Diese starke, alles durchdringende Energie ist da, und sie

ist aktiv – ob wir verstehen oder nicht. Sie verzweigt sich in alle Richtungen, überall hin ... einmal mehr hier, einmal mehr dorthin ... und sie arbeitet, sie wirkt einmal hier stärker, dann wieder mehr dort ...

Und nur unser Inneres kann erfühlen, wo die Energie gerade besonders intensiv arbeitet.

Es gibt Orte, an denen sie besonders stark wirkt, an denen sie gerade besonders stark austritt und arbeitet. Es drückt etwas hier, dann drückt es wieder mehr da; es wird hier etwas erklärt, dann wieder dort etwas ...

Dort, wo diese Kraft gerade austritt, strahlt etwas aus; und es drückt und arbeitet ... es beginnt hier, vorsichtig, fast neugierig ... es kommt, es tastet sich vor ...

Dann ist in der Materie Widerstand da, unbewußt, Reaktion, Verwirrung ...

Aber Millionen von Menschen fühlen es – unbewußt. Sie kaufen Bücher, besuchen Kurse, sie meditieren ... Sie reisen herum und suchen ... manche werden zu Hippies, andere werden ...

Von ›oben‹ drückt etwas, und ›hier unten‹ versteht man nicht.«

Offen sein – mitgehen!

»*Was bedeutet das also für unser praktisches, tägliches Leben? Immer dasselbe:*

Wir müssen offen sein, fühlen, ahnen, ›dahinter sehen‹ ... zu verstehen versuchen ... und dann handeln, handeln! ... und vor allem mitgehen, *mitgehen*! ... *sich diesen neuen Schwingungen anschließen, sich integrieren, mitgehen!* Mit dem mitgehen, was hier überall immer wirksamer wird, was nach überall hin ausstrahlt und sich nun mit den Menschen verbindet, auf sie einwirkt ...

Und die Materie wehrt sich dagegen, was natürlich ist. Es geht ja um sie selbst, es geht um ihre Transformation, um die Auflösung des Egos. Der Kampf spielt sich ja im Menschen ab!

In einem Menschen gibt es zweierlei, wie wir gehört haben: Ihn selbst – und zusätzlich etwas anderes ... ein anderes Wesen.

Wer nach innen lauscht, der spürt: ›Dieser Körper, den ich anfassen kann, diese Gefühle ... das bin doch nicht ich‹.

Und dann kommt die Frage, die wichtige Frage, die letzte Frage: ›Was bin ich? Ich bin nicht dieses, ich bin nicht jenes und auch das bin eigentlich nicht *ich* ... also was bin ich dann?‹.

Und sehen Sie – die gleiche Frage stellen sich die anderen Menschen auch. Es geht ja für jeden einzelnen um ein Abenteuer, aber es geht auch um ein kollektives Abenteuer.

Wir alle zusammen machen ja heute dieses gleiche, aufregende, wichtige Abenteuer mit. Wir alle nehmen teil heute an diesem großen Abenteuer der Menschheit!

Äußerlich sind wir getrennt, doch innerlich sind wir miteinander verbunden ... Und das ist die Schwierigkeit: *Wir sind uns äußerlich nicht bewußt, daß wir inwendig ein Teil eines Ganzen sind, daß wir ein Teil desselben Körpers, desselben Wesens sind ... des ... des ›Großen Menschen‹! ...«*

»Es ist zu beachten, daß die Hilfe ein Bestandteil eines großen Planes ist, dessen Zeitbegriffe nicht mit den unseren, den irdischen übereinstimmen. Aber der Plan selbst, seine Elemente und sein Ziel sind unabänderbar und irreversibel.

Die direkte Hilfe, dieser Eingriff aus einer höheren Ebene, bezweckt zwar ein ganz bestimmtes Ergebnis. Aber zwischen Anfang und Ende dieses Planes sind verschiedene Wege möglich.

Diese Kraft aus einer ›anderen‹, einer höheren Ebene hilft oder hilft nicht – je nach der Richtung, die der Mensch einschlägt, nachdem ihm geholfen, ihm der richtige Weg gezeigt wurde ...«

11

Ein großer Plan

Entwicklung findet nicht »geradlinig« statt, sondern in Schritten, besser gesagt: in Schüben. Alles in der Natur und im Kosmos atmet. Immer ist es ein Einatmen – und ein Ausatmen, Einatmen – Ausatmen. Das ist das Prinzip allen Lebens.

Nur das menschliche Mental konstruiert »geradlinig«. Das entspricht der bisherigen Funktion des Mentals. Es setzt eine Entwicklung aus der Vergangenheit in die Zukunft fort, es berechnet und kalkuliert – »geradlinig«. Es versucht, Trends zu erkennen und sie zu berechnen. Deswegen arbeitet das Mental auch mit »geradlinigen« Plänen. Es sieht ein Ziel – und berechnet den Weg dorthin »geradlinig«.

Das menschliche Mental arbeitet mit konstanten Energien. Es kann nicht anders arbeiten, denn es ist an den irdischen

Begriff von Raum und Zeit gebunden, und diese sind nach unseren Vorstellungen »geradlinig«.

Alles atmet

Aber das *Leben* spielt sich *nicht* »geradlinig« ab. Beobachten wir die Natur, dann sehen wir, daß alles dort lebt. Und Leben ist hier immer ein Auf und Ab, ein Kommen und Gehen, ein Ein- und ein Ausatmen: Frühling – Herbst, Jugend – Alter, Morgen – Abend.

Das Leben findet in Zyklen statt: Es gibt eine Phase des Beginnens; es folgt eine Phase des Höhepunktes und später die Phase des Absteigens. Und danach geht es wieder von vorn los. Dazwischen liegt die Phase der Ruhe. So sind die Zyklen.

Und wenn wir davon sprechen, daß eine neue Welt den Platz unserer bisherigen Welt einnehmen wird und daß unser bisheriges menschliches Mental ersetzt werden soll durch ein anderes Mental, dann bedeutet das auch, daß das Mental der Zukunft nicht mehr geradlinig, nicht mehr logisch denkt, daß es nicht mehr addiert und extrapoliert – sondern daß es weicher sein wird, daß es atmet, daß es in Zyklen denkt, mit anderen Worten, daß es lebt.

Auch die menschliche Entwicklung findet nicht »geradlinig«, sondern in Zyklen statt. Wir kennen das: Kulturen, Zivilisationen entstehen, haben einen Anfang, einen Höhepunkt und einen Abstieg.

»Wenn wir nun dahinter sehen, können wir feststellen, wie eine neue Entwicklung ausgelöst wird: Durch eine ›Göttliche Aktion‹, einen ›Göttlichen Impuls‹. Und wir können sehen, wie eine neue Entwicklung weiterläuft: Aufstieg, Höhepunkt, Abstieg – Ein Zyklus.

Doch dies geschieht nicht ›zufällig‹ und irgendwann, sondern innerhalb eines Großen, Göttlichen Planes.

Dabei gibt es Zyklen über für uns Menschen unvorstellbare Zeiträume und kürzere Zyklen, von zum Beispiel einigen tausend Jahren, die diesen großen Zyklen überlagert sind.

Auch dürfen wir nicht nur alles zeitlich nacheinander sehen. Geht ein Zyklus zu Ende, dann wird bereits ein neuer Zyklus vorbereitet. Zu einem bestimmten Zeitpunkt kann es also mehrere Bewegungen gleichzeitig geben: Eine auslaufende Bewegung – und gleichzeitig bereits die Vorbereitung eines neuen Zyklus!

In einer solchen Zeit befinden wir uns heute, ein neuer ›Impuls‹ wurde gegeben. Während noch ein alter Zyklus ausläuft, wird gleichzeitig schon ein neuer vorbereitet, ein neuer Zyklus der menschlichen und irdischen Entwicklung.

Wir sollten noch an etwas denken: Der ›Große Plan‹ liegt fest. Anfang und Ende sind bestimmt. Ein gewisser Rahmen ist damit vorgegeben. Doch dazwischen ist nichts starr. Da gibt es viele Möglichkeiten. Die Menschheit und die einzelnen Menschen sind frei, verfügen über eine relative Freiheit. Die Menschheit kann in die eine oder in die andere Richtung gehen. Und nicht immer ist die eingeschlagene Richtung eine gute Richtung …

Und je nach der eingeschlagenen Richtung kann der Weg in eine ausweglose Situation führen, aus der sich die Menschheit nicht mehr selbst befreien kann. Dann kann es notwendig werden, daß ›von außerhalb‹ eingegriffen wird, um die Richtung etwas zu korrigieren oder entscheidend zu ändern …«

»Sowohl das Individuum als auch die ganze Menschheit haben ein Karma. Die ganze Menschheit hat eine Bindung an die Vergangenheit und damit ein Karma.

Und dieses Karma ist eben nicht unbedingt gut, die Menschheit hat sich eben kein gutes Karma geschaffen. Sie hat sich ein Karma geschaffen, welches auf eine Zerstörung zuführt ...«

Die Menschheit vor einer Mauer

Im Laufe der menschlichen Entwicklung gibt es also immer wieder Situationen, aus denen die Menschheit sich selbst nicht mehr befreien kann, es gibt Stufen, die zu ersteigen ihr ohne Hilfe nicht möglich ist.

Auf dem Weg der spirituellen und sonstigen Evolution werden nacheinander bestimmte Eigenschaften und Fähigkeiten entwickelt. Erfolgt diese Entwicklung nicht harmonisch und entwickelt sich beispielsweise eine Eigenschaft stärker als eine andere oder sogar auf Kosten einer anderen, dann befindet sich die Menschheit in einer Einbahnstraße. Es geht dann so nicht weiter, schlimmer noch: es kann zu einer Katastrophe kommen.

In einer solchen Situation befinden wir uns heute. Es hat sich zum Beispiel das Mental des Menschen entwickelt, aber andere Fähigkeiten, beispielsweise die, Intuitionen zu empfangen, haben darunter gelitten. Die Menschheit ist in eine Sackgasse geraten, deren Ausgang versperrt ist ...:

»Die Menschheit bewegt sich heute mit immer zunehmender Geschwindigkeit auf eine Mauer zu. Stellen wir uns diese als eine Energiemauer vor. Der Materialismus ist eine solche Energiemauer:

Seit ungefähr hundert Jahren ist bei einem Teil der Menschheit eine stärkere Hinwendung zur Materie, zum Materialismus festzustellen. Es handelt sich dabei um eine Hinwendung zur Welt des Äußerlichen, um eine verstärkte Projektion nach außen. – Damals begann das Zeitalter der Massenproduktion.«

Immer wieder ...

»Die Menschheit steht nicht das erstemal vor einer solchen Situation: Immer wieder, in Abständen von einigen tausend Jahren, sagen wir alle 2000 – 3000 Jahre, erfolgen gewisse Eingriffe von außerhalb unserer Welt, von einer anderen Daseinsebene aus, um einen neuen ›Impuls‹ zu geben oder um etwas wieder in Ordnung zu bringen, was sich sonst zu stark verschieben würde.

Auch vor 2000 Jahren erfolgte ein solcher Eingriff. Damals ist diese ›Kraft von außerhalb‹ heruntergekommen bis auf die Ebene des Herzens. Die Kraft hat *auf der Ebene des Herzens* gewirkt. Sie stellte sich dar im ›Prinzip der Nächstenliebe‹ – im ›*Christus-Prinzip*‹.

Heute wird wieder ein ›Impuls‹ gegeben: *Bei dem heute zu verzeichnenden ›Eingriff von außerhalb‹ handelt es sich um die ›Kraft der Transformation der Materie‹.*

Es geht nun darum, daß dieses ›Prinzip von oben‹ noch weiter ›herunterkommt‹ – nämlich bis auf die Ebene des untersten Chakras, ja sogar noch weiter, bis *auf die Ebene der tiefsten, schwärzesten, festesten Materie.*

In der Praxis bedeutet das, wie wir gehört haben, daß durch diese Kraft die *Konsistenz des jetzigen menschlichen Körpers geändert* werden wird, daß eine chemische Veränderung, eine chemische Transformation des Körpers stattfindet.

Die feinen Vibrationen der ›Kraft der Transformation der Materie‹, dieses nunmehrigen ›Prinzips von oben‹, durchdringen dabei mit unvorstellbarer Energie die Materie und verändern sie physiologisch!

Das Ziel ist dieses Mal die Überführung der Materie in einen anderen Schwingungszustand. Man kann auch sagen: Die Materie ändert sich dabei ›in Richtung auf das Höhere, Göttliche Bewußtsein‹.

Es ist dies eine Entwicklung, die es bisher noch nicht gegeben hat.«

Wir sind nicht in Harmonie

»Wir leben in einer Zeit, in der die Kraft, von der sich der Mensch kein Bild machen kann, die Erde immer intensiver berührt, in der diese Kraft in sie eindringt, sie durchdringt und sie erfaßt.

Diese Kraft will etwas. Sie hat etwas beschlossen!

Doch das Kommen dieser Kraft erfolgt, gemessen am gegenwärtigen Entwicklungsniveau der Menschheit, einfach zu früh. Es handelt sich hier um eine sehr starke Kraft – und sie kommt einfach zu früh. Das Kommen ist zwar etwas, was einem kosmischen Zeitplan entspricht – aber nicht dem irdischen. Die Menschen sind noch nicht so weit, diese Kräfte zu empfangen. Aber sie sind nun einmal in dieser Situation...

Und das vorzeitige Kommen bewirkt ein immenses Aus-dem-Gleichgewicht-geraten von Kräften. Denn es soll ja etwas Bestehendes verändert werden. Das Mental, die Materie ... alles soll anders werden. Das, was da kommt, bedeutet das Ende der Wissenschaft – so wie wir sie bis jetzt kennen. Es bedeutet das Ende des Mentals in seiner jetzigen Form und von so vielen anderen Vorstellungen, Konzepten, Ideen, Verhaltensweisen ...

Alles soll anders werden. Doch das erzeugt Widerstand. Der Mensch sperrt sich, er geht nicht mit ... der Mensch ist also nicht in Harmonie mit diesem neuen Kraftpotential.

Und wir kennen die Folgen: Die Chakras schließen sich. Die Menschheit insgesamt befindet sich derzeit im Zustand des langsamen, kollektiven Sich-Schließens aller Chakras. Dieses Schließen wurde vom Menschen selbst ausgelöst: Er hat sich den neuen Kräften nicht angeschlossen, die sich in den letzten Jahrzehnten – vorbereitet schon früher – immer stärker bemerkbar machten. Er hat sich in seinem Verhältnis zu diesem Energiepotential der höchsten Ebene selbst außerhalb der Harmonie gestellt. Und als Folge davon beginnen sich alle seine Chakras immer mehr zu schließen.

Damit ist er abgeschnitten vom Höchsten; und alle Unvollkommenheiten, alle Fehler, die der Mensch der jetzigen Entwicklungsstufe besitzt, sie alle drängen nach draußen: Der Stolz, das Mental, die Emotionen, die Affekte, alles ... die ganze Sammlung an menschlichen Schwächen und Unfertigkeiten.

Die Menschheit auf dem Planeten Erde stellt deshalb heute eine Gefahr dar – und nicht nur für sich selbst. Sie stellt eine kosmische Gefahr dar, so wie dies schon früher, in früheren Entwicklungsstufen der Fall gewesen ist. Und damals hat sie bereits die gleiche traurige Erfahrung machen müssen wie heute:

Die Menschheit kann sich aus ihrem nunmehrigen Zustand nicht mehr allein befreien. Wenn man sie allein weitermachen ließe, würde sie sich immer weiter auf diesen Punkt des kollektiven und völligen Geschlossenseins aller Energiezentren zubewegen ...

Und das würde die Selbstzerstörung der Menschheit bedeuten; die auf der Erde lebenden vier Milliarden Menschen würden in diesem Fall einen kollektiven Selbstmord begehen.

Die gesamte Menschheit stünde dann vor genau derselben Situation, die auch bei einem einzelnen Menschen vorliegt, wenn er unter einer Depression leidet und er sich allein aus dieser Depression nicht mehr befreien kann – sei es, weil eine bestimmte Idee sich bei ihm zu stark festgesetzt hat oder weil ein Gefühl in ihm zu stark ist. Er findet allein, da seine Chakras geschlossen sind, nicht mehr heraus – und er begeht Selbstmord.

Derzeit bewegt sich die Erde auf genau den gleichen Punkt zu, auf diese Mauer der Depression mit anschließendem Selbstmord – gegebenenfalls vollzogen von ein oder zwei oder fünfzehn Personen, zum Beispiel mit Hilfe einer Atombombe oder etwas ähnlichem.

Aber soweit wird es nicht kommen! Und zwar weil diesem kollektiven Selbstmord am Ende doch etwas anderes zuvorkommen wird...«

Falscher Umgang mit der neuen Energie

»Betrachten wir das Ganze als Spiel von Energien: Der Mensch, oder sagen wir besser, sein Mental, ist gewöhnt, immer mit der gleichen Quantität an Energie, das heißt ‹geradlinig› zu arbeiten. Er funktioniert mit immer der gleichen Menge verschiedenster Dinge, die ihm zur Verfügung stehen. Er hat sich deshalb daran gewöhnt zu planen.

Nun wird dem Menschen, wie wir gehört haben, eine neue Energie zur Verfügung gestellt.

Und was ist die ›Zielsetzung‹ dieser Energie?

Wie wir inzwischen wissen, bewirkt diese Energie – zusammen mit der Kundalini-Kraft, das heißt mit dem sukzessiven Abbau des Egos – eine physiologische Veränderung unseres Körpers, damit ist unter anderem gemeint, die Schaffung einer größeren Sensibilität, das heißt einer größeren Möglichkeit für reinere Schwingungen.

Diese feineren Schwingungen ›einer anderen Welt‹ tragen dann dazu bei, daß wir, mit Hilfe dieses Energieaustausches, mehr und mehr aus dem Käfig unseres physischen Daseins ausbrechen und teilhaben können am Leben dieser ›Welt dahinter‹ – daß wir überhaupt zu leben anfangen.

Wir bekommen derzeit eben mehr Kraft zur Verfügung ge-

stellt; und das erhöht unser eigenes Potential und damit unsere eigenen Möglichkeiten. Diese Energie, die uns zur Verfügung gestellt wird, nimmt immer größere Proportionen an – ohne daß uns dies bewußt wird.

Doch, statt daß nun die Menschen sie selbst bleiben, sich entspannen, sich wohler fühlen – und vorsichtig in der neuen Richtung suchen, tun sie – da sie ja nicht verstehen, was passiert – mit dieser Energie genau dasselbe wie bisher: Sie gehen in die alte Richtung, nur eben mit mehr Energie! Sie führen Handlungen aus, sie beginnen neue Aktionen, sie sind aktiv, arbeiten, konstruieren – oder sie zerstören...

Der Mensch ist sich dessen nicht bewußt, was mit ihm geschieht: Er ist plötzlich vollgeladen mit Energie, voller Ideen, voller Kraft, voller Unternehmungslust. Das ist er nicht gewöhnt, denn früher war das ja nicht so. Er weiß mit diesen neuen Möglichkeiten daher nichts Rechtes anzufangen.

Und darum tut er dann genau dasselbe, was er bisher mit seinen eigenen Energien getan hat. Nur ist er heute noch aktiver als früher, er ist aktiv mit mehr Kraft dahinter. Er tut jetzt ständig etwas – irgend etwas – immer schneller. Und die wissenschaftlichen Entdeckungen und Entwicklungen verstärken und beschleunigen seine Handlungen tausendfach.

Auf der einen Seite ist das gut so – aus den verschiedensten Gründen, mit denen wir uns im Moment nicht beschäftigen wollen. Auf der anderen Seite ist das aber außerordentlich gefährlich, dann nämlich, wenn diese Handlungen nicht in die richtige Richtung gehen ...

Der Mensch handelt also einfach darauf los – in der gleichen Art und Weise wie bisher ... denn er ist nicht ohne Karma und ohne Ego... Die neue Energie wird also falsch verwendet... Und je mehr der Menschheit von dieser Energie zur Verfügung gestellt wird, um so mehr Unordnung entsteht. Nicht nur, daß diese wertvolle Energie verschwendet wird – es werden mit ihrer Hilfe zusätzlich noch große Unordnung und ein großes Durcheinander angerichtet.

Dabei wäre das einzige, was er in einer solchen Situation tun sollte, das: Still sein, sich zurückziehen, an seinem Platz bleiben ... erst einmal zu sehen, abwarten ... und sagen: ›Ah, ich bin glücklich, ich fühle mich wohl, das ist ja ausgezeichnet ... ich bin *einfach ...‹*

Er sollte sich entspannen, ohne eigenes Wollen sein, sollte er selbst sein, ruhig sein: Er sollte ›in Null‹ sein!

Nehmen Sie hierfür ein Beispiel: Früher, mit seiner alten, eigenen Energie, ist der Mensch wie mit einem Kleinwagen gefahren. Die Geschwindigkeit war beschränkt. Aber heute, mit der neuen Energie, die durch ihn fließt und seine Handlungen verstärkt, ist es, als wenn er mit einem sehr starken Wagen fährt, der immer schneller und schneller wird... Heute ist es viel gefährlicher, von der Straße abzukommen.

Den neuen großen Wagen kann er nur dann sicher fahren, wenn er sich nicht ablenken läßt, das heißt, wenn er ›in Null‹ ist…«

»Dieses kosmische Geistwesen hat nun beschlossen, gemeinsam mit den Menschen – es kann es allein nicht durchführen – einen neuen großen Zyklus auszulösen…

Das kosmische Wesen hat deswegen einen Gedanken ausgesandt, hat einen okkulten Vorgang ausgelöst, um zu helfen, diese kritische Phase in der Entwicklung der Menschheit zu überwinden und die nächste Stufe zu erreichen.«

12

Hilfe aus anderen Dimensionen

»Stellen wir uns jetzt jemanden vor, der ›außerhalb‹ steht, der von draußen auf unseren Planeten schaut und der die Menschen mit ihrem Karma, ihren Verstrickungen sieht, der beobachtet, wie die Menschen an die Vergangenheit gebunden sind, und der auch die Zukunft sieht, der gleichzeitig Vergangenheit und Zukunft überblickt.

Stellen wir uns weiter vor, wie dieser Jemand sieht, daß die Menschheit sich derzeit in die falsche Richtung bewegt. Er sieht zum Beispiel, daß diese Richtung die Menschheit in eine Katastrophe führt. – Und unsere derzeitige Richtung führt in eine Katastrophe, in eine Katastrophe von kosmischen Ausmaßen! – Wenn dieser Jemand das sieht, dann ist ja vorstellbar, daß er sich entschließt, auf diese Entwicklung einzuwirken und damit in das Schicksal der Menschheit einzugreifen.

Und genau das geschieht!«

Die Energie wird weggenommen

»Und wie greift dieser ›Jemand‹ ein? Er nimmt, wenn man so sagen will, die Energie einfach für einige Zeit weg!

Der Zufluß der Energie, von der wir sprechen, erfolgt ja, wie wir wissen, über die Energiezentren, die Chakras. Es werden also die Energiezentren geschlossen, um den Energiezufluß zu sperren ... und es tritt Ruhe ein!

Die neue Energie wird weggenommen. Der Mensch wird auf sich zurückgestellt. Alle Aktivitäten laufen aus ... trocknen aus ... Ruhe ...

Was falsch ist, kann jetzt wieder in Ordnung gebracht, kann

wieder richtig an seinen Platz gestellt und sozusagen neu ausgerichtet, neu positioniert werden.

Erst danach wird die Energie wieder zur Verfügung gestellt.

Das sind die Zyklen! Wenn der Zyklus unten ist, sind die Chakras geschlossen, findet keine Neuzufuhr von Energie statt, und allein das, was an eigenen Gefühlen, Vorstellungen und Wünschen im Menschen ist, bestimmt sein Denken und Handeln.

Die Unreinheiten werden gelebt ... und ersterben – da keine neue Energie zugeführt wird.

Bei ›Zyklus unten‹ wird alles angehalten und in eine neue Richtung gebracht, und zwar in *die* Richtung, in die richtige Ausgangsposition.

Danach geht der Zyklus wieder nach oben, und alles geht wieder von vorne los...

Wir sehen also, daß die ›Zyklen unten‹ ganz einfach ein Mittel sind, um alles zu blockieren. Genauso sind sie aber ein Mittel, um wieder eine neue Ausgangsposition einzurichten. Ich sagte ›blockieren‹, das ist vielleicht etwas mißverständlich: Es handelt sich bei ›Zyklus unten‹ eher um ein Bremsen. Alles geht dann schwerer, weil eben diese Energie, an die wir uns gewöhnt haben, plötzlich nicht mehr oder nicht mehr im gleichen Maße wie früher zur Verfügung steht.

So wirkt also ›Zyklus unten‹, wenn alles ›auf Null‹ gestellt wird. Es handelt sich dabei nicht um eine Böswilligkeit des Schicksals, wie man vielleicht annehmen könnte. Im Gegenteil: Meistens dient ›Zyklus unten‹ dazu, Katastrophen zu vermeiden – und nicht selten wirkt er lebensrettend.

›Zyklus unten‹ ist die Zeit, in der alles wieder in die Ausgangsposition zurückgebracht wird, die Menschen wieder neu ausgerichtet werden. Es ist die Position der Ausgewogenheit, in der jeder wieder ins Gleichgewicht, zur Ruhe kommt und Zeit erhält zum Nachdenken. Es ist die Zeit, in der man einfach keine Energie hat, neue Dinge anzufangen.

Dieses Wieder-auf-den-Nullpunkt-stellen ist also keine Bestrafung, sondern es ist Gerechtigkeit. ›Zyklus unten‹, dieses Auf-den-Nullpunkt-bringen kann uns manchmal in scheinbar enorme Schwierigkeiten führen, denn wir verstehen ja nicht, was passiert. Aber es liegt Präzision und Gerechtigkeit darin, eine Göttliche Gerechtigkeit.

Es gibt also zwei Ursachen für die Schließung der Energiezentren – ob einzeln oder kollektiv:

1. Der Mensch selbst löst sie aus durch eine von ihm herbeigeführte Disharmonie.
2. Diese kosmische Kraft führt sie herbei, um ein ganz bestimmtes Ziel zu erreichen.

Im ersteren Fall liefern wir den Anlaß durch unser Verhalten, durch unser Leben, unsere Einstellung, durch unser Nicht-in-Harmonie-sein mit den kosmischen ewigen Kräften.

Ein entsprechendes Beispiel ist die derzeitige langsame totale Schließung aller Chakras der Menschen, die Schließung aufgrund seines ›Nicht-Mitschwingens‹ mit der neuen ›Energie der Transformation der Materie‹.

Im zweiten Falle erfolgt die Schließung gezielt. Das Geistwesen übernimmt die Verantwortung dafür. Das Ergebnis ist entsprechend positiv, da alles optimal unter seiner Kontrolle abläuft.

Ein Beispiel hierfür sind die Zyklen, die heutzutage zu beobachten sind.

Wie also greift die kosmische Kraft ein, um auf der Erde etwas zu verwirklichen? Sie tut es über die Zyklen, die sich als rhythmisches Öffnen und Schließen der Energiezentren darstellen. Die Zyklen sind ein durchaus produktiver Faktor der Evolution, besonders für eine schnelle Entwicklung.

Nun müssen wir uns die Kraft, die diese Zyklen auslöst, einerseits als ein inaktives Energiepotential vorstellen. Die Kraft ist dann ein Potential, das einfach da ist, das beobachtet und überwacht.

Andererseits aber ist diese Kraft aktiv: Sie arbeitet einmal mit Hilfe der Zyklen an der schnelleren Entwicklung der Menschheit. Und dann wirkt sie durch gezielte Aktionen.

Sobald etwas aus dem Gleichgewicht kommt, kann der nächste Zyklus nicht mehr abgewartet werden, da die Zeit dann drängt – diese Kraft wird dann sofort aktiv: Die Chakras werden sofort geschlossen. Und im allgemeinen handelt es sich dann um ein generelles Schließen, um einen kollektiven Vorgang.«

Die schnellere Entwicklung heute

»Diese kosmische Kraft hat also beschlossen, wieder einmal zu kommen, um mitzuarbeiten und mitzuhelfen, die Masse der Menschen in ihrer Entwicklung weiterzubringen, so wie das schon früher geschah und wie dies im Laufe der menschlichen Evolution – und anderer kosmischer Evolutionen – auch in Zukunft immer wieder geschehen wird…

Dieses Mal ist es das ›Prinzip der Transformation der Materie‹, welches aktiv wird:

Seit nunmehr zwanzig, dreißig, vierzig … maximal fünfzig Jahren, nicht länger … ist dieses unendliche Wesen da – in den letzten Jahren immer deutlicher spürbar – und berührt die Menschen!

Dieses Wesen, diese Kraft, hat ein Ziel: es möchte etwas. Aber es möchte nichts gegen den Willen der Menschen tun, es möchte *mit* ihnen, mit ihrer Beteiligung arbeiten.

Dieses große Geistwesen möchte auf die Erde kommen; es ist bereit zu kommen, um mit den Menschen zusammenzuarbeiten …

Aber die Menschen sind noch nicht genügend entwickelt, um richtig mitarbeiten zu können: Sie vertragen diese neue Kraft noch nicht, sie sind noch nicht in Harmonie mit ihr, sie verschließen sich vor ihr – ihre Chakras schließen sich …

Deswegen muß diese Kraft zuerst einmal die Menschen entwickeln, schnell entwickeln; denn wir haben nicht mehr viel Zeit! …

Es muß also eine schnellere Entwicklung stattfinden als normal. Und das geht nicht von allein!

Wir wissen, daß das Öffnen und Schließen der Energiezentren eine der Möglichkeiten der Entwicklung ist. In der gegenwärtigen Situation ist es für diese Kraft *die* Möglichkeit.

Was tut also diese Kraft? Sie schließt und öffnet die Energiezentren bei einzelnen Menschen und bei Gruppen von Menschen, bei besonderen Anlässen und in rhythmischen Abständen, manchmal nur eines oder zwei der Zentren, manchmal alle zusammen ... aber dies geschieht immer rascher, in immer kürzeren Abständen.

Früher gab es ein- oder zweimal im Leben eines Menschen eine Situation, in der sich seine Chakras für einige Zeit schlossen. Meistens kam es dazu während eines Krieges, vielleicht einmal in jeder Generation.

Aber heute geschieht dies ständig. Auf und zu, auf und zu, alle paar Tage einmal, immer häufiger, bei einzelnen Menschen genauso wie bei ganzen Völkern ...«

Das Gesetz vom Gleichgewicht

»Das Öffnen und Schließen der Energiezentren kann also ein individuelles oder ein kollektives Phänomen sein. In beiden Fällen müssen wir daran denken, daß wir alle auf einer bestimmten Ebene miteinander in Verbindung stehen. Und jetzt kommen noch andere Faktoren hinzu:

Bei geschlossenen Chakras sind wir von diesem großen, allwissenden, ewigen, kosmischen Energiepotential abgeschnitten, und wir funktionieren nur noch mit unseren eigenen – unvollkommenen – Energien, die – und das ist wichtig – dem Gesetz des Karmas unterliegen, das heißt von unserer eigenen Vergangenheit her vorbelastet sind.

Wenn sich bei einem Individuum die Energiezentren schließen, wirkt sich das ohne Zweifel auf seine Umgebung aus. Schließen sich die Chakras eines Menschen, der innerhalb einer geschlossenen kleineren Gruppe lebt, dann werden sich höchstwahrscheinlich auch bei den anderen ›Gruppenmitgliedern‹ die Chakras schließen.

Ist aber die Gruppe groß und in gewisser Beziehung auch stabil genug, dann kann sich innerhalb der Gruppe ein Ausgleich ergeben. Schließen sich dann bei der einen Hälfte die Chakras, öffnen sie sich bei der anderen – und umgekehrt. Es bleibt also Gleichgewicht erhalten. Wo das eine steigt, fällt das andere.

Der eine bekommt etwas, der andere muß dafür bezahlen. Es gibt keine andere Möglichkeit der beschleunigten Entwicklung!

Genauso muß die Erde als ein geschlossenes System gesehen werden: Geht irgendwo auf ihr etwas ›nach oben‹, dann muß auf der anderen Seite etwas ›nach unten‹ gehen. Der eine Teil der Menschheit ist im ›Zyklus oben‹, der andere muß dann die Balance halten und befindet sich im ›Zyklus unten‹. Wenn also auf der einen Seite die Chakras sich zu schließen beginnen, dann bedeutet das auf der anderen Seite die Möglichkeit zu einer Öffnung.«

»Es genügt aber noch nicht, wenn bei einem Teil der Menschheit die Energiezentren stärker geschlossen werden, um dem anderen Teil eine Öffnung zu erlauben: Das einzig mögliche Mittel zu einer superschnellen, einer ›außergewöhnlichen Evolution‹ der irdischen Menschheit besteht darin, daß einige Menschen hier auf der Erde das Gleichgewicht halten, um anderen die Möglichkeit zu einer Öffnung zu geben.

Und wie geschieht dies? Nun, indem jene Menschen das Leid der anderen übernehmen, indem sie das Karma der anderen übernehmen, indem sie für die anderen leiden …

Mittels für uns unvorstellbarer, okkulter, nicht irdischer Zusammenhänge *können einige Menschen das Karma der anderen übernehmen: Sie leiden dann für die anderen. Sie leiden mit …*

Das ist der tiefere Sinn des Mitleidens: Sie nehmen den anderen einen Teil des Leides ab – und verkürzen damit deren Entwicklung.

Natürlich geschieht so etwas immer nur im unbedingt erforderlichen Umfange.

Und diese Möglichkeit, für andere Leid zu übernehmen, diese Möglichkeit, daß – in solchen Ausnahmesituationen –

einige wenige Menschen für andere Leid übernehmen, vermeidet, daß die Waage aus dem Gleichgewicht gerät.

Dabei geht es jedesmal um das Gleiche: Das große Schließen muß vermieden werden, dieser absolute Nullpunkt, und damit das totale Abgeschnitten-Sein von der geistigen Energie. Und damit dies gelingen kann, muß *ein* menschliches Wesen – oder mehrere Menschen gemeinsam – das Karma der Erde übernehmen, um es zu verarbeiten, um es zu erleiden, um es aufzulösen ...

Wenn wir uns vorstellen, was ein einzelner Mensch alles vollbringen kann, daß es *einem* allein ... indem er für die anderen leidet ... gelingen kann – einen Krieg zu vermeiden ...

Ja, es genügt *ein* solches Wesen in einem menschlichen Körper – vielleicht auch zwei oder drei oder vier – vielleicht aber doch nur eines ... das stark genug ist, das weit genug entwickelt ist, um den Widerstand von vier Milliarden Menschen auf der Erde zu kompensieren und das Gleichgewicht zu halten – um damit einen Krieg zu verhindern ...!

Und ab einem bestimmten Grad der Entwicklung kann niemand diesem Prozeß des Karma-, das heißt des Leid-Übernehmens, entkommen...

Wir kennen alle diesen Vorgang, nur haben wir ihn bisher nicht so verstanden:

Das Leiden Christi! Christus nahm ›die Sünden dieser Welt‹ auf sich. Er litt für die Menschheit. Er nahm das ›Kreuz des Leidens‹ auf sich. Und damit gab er der Menschheit die Möglichkeit zur Weiterentwicklung.

Und das geschah zu seiner Zeit. Und heute kommen zwar neue Elemente hinzu, aber das Prinzip ist dasselbe. Christus war nicht der einzige im Verlaufe der menschlichen Entwicklung, der das Leiden der Welt mittels uns unfaßbarer, aber trotzdem vorhandener und letztendlich ganz einfacher Gesetze auf sich nahm – im Interesse der Evolution der Menschen.

Aber die Trägheit der Masse ist so groß: Die Menschheit macht einen Schritt nach vorn, bleibt dann aber wieder stehen – und alles geht wieder von vorne los, nur auf einer anderen Stufe.

Und jedesmal gibt diese große kosmische Kraft eine neue Antwort, jedesmal werden neue Wesen entsandt, Wesen, die noch vollkommener sind. Und denen sind wieder andere Aufgaben gestellt …«

Was ist der Mensch?

»Wie können wir uns das überhaupt klarmachen? Wenn Sie darüber nachdenken, werden Sie sich fragen, was der Mensch eigentlich ist, werden Sie fragen: ›Was bin ich, wer bin ich?‹

Und Sie denken dabei automatisch immer an sich als physisches Individuum auf dieser Erde – nicht an sich als kosmisches Individuum ...«

»Aber was sind wir? Sind wir Teil einer Gruppen-
seele, oder nur eine Summe von Schwingungen,
ein Wellenknoten?«

»Wir *sind* ein ›Knoten‹ – und wir sind zusätzlich mit den anderen ›Knoten‹ verknüpft. Und was tut das Höhere, Göttliche Bewußtsein? Es entwirrt diesen ›Knoten‹.

Der Mensch ist ein Teil des großen Ozeans der Schwingungen. Wir sind in ihm mit den anderen Menschen verbunden. Wir hängen zusammen. In einem einzelnen Menschen sind somit alle anderen Menschen ›enthalten‹!

Auf einer anderen Ebene sind wir ein Teil des Göttlichen Bewußtseins, ein Teil der kosmischen Energie, *ein Teil des ›Großen Menschen‹ ...*

Jetzt werden wir verstehen, welche große Wirkung einige wenige Menschen auf vier Milliarden Menschen ausüben können: Wenn ein einzelnes Individuum aus dieser großen Masse sich völlig reinigt, dann hat dies Auswirkungen auf die anderen ... ein einzelner Mensch oder eine Gruppe von Menschen können also eine enorme Arbeit für die Menschheit leisten.

Aber ein Mensch kann so etwas natürlich nicht aus sich selbst heraus *wollen.* Und er kann diese Arbeit selbst nicht leisten. Er kann diese göttliche Kraft aber durch sich wirken und die Arbeit durch sich vollbringen lassen. *Er kann akzeptieren, daß durch ihn hindurch gearbeitet wird ...«*

Bitte und Antwort

»Alles ist Bitte – Antwort, Bitte – Antwort. Die Menschheit hat, bewußt oder unbewußt, als Ganzes oder vertreten durch einige, die sehen ... die Menschheit hat aus ihrer jetzigen Lage heraus um Hilfe gerufen. Und diese große kosmische Wesenheit hat eine Antwort gegeben ...

Nicht gerade nur aus Liebe, wie man vielleicht denkt! Nein, eher, wenn man so sagen will, aus Sorge; aus Sorge darüber, daß das Gleichgewicht, das kosmische Gleichgewicht, sonst gestört würde. Mit dem romantischen Gefühl menschlicher Liebe hat das nichts zu tun ...

Aber wie viele Menschen können das verstehen? Wir können uns so etwas nicht vorstellen. Denn hier geht es um Maßnahmen in einem Umfang, der unser menschliches Vorstellungsvermögen sprengt. Wie können nur ahnen, um was es geht – mit unserem Intellekt erfassen können wir es nicht.

Können Sie sich vorstellen, daß ein solcher unvorstellbarer

Prozeß im Rahmen einer religiösen Gemeinschaft oder einer Sekte ablaufen kann? Natürlich geht das nicht! Ein solcher Prozeß kann nur funktionieren, wenn alles mit extremer Qualität und Präzision abläuft.

Und das ist nur möglich, wenn nicht Gruppen, mit all ihren vielen Schwächen und Einflüssen und mentalen Konzeptionen, *sondern wenn Einzelmenschen, einer nach dem anderen, von diesem Mechanismus ergriffen werden.*

Natürlich geschieht so etwas nicht irgendwie und irgendwann, sondern innerhalb eines genau festgelegten Planes. Aber innerhalb eines Planes, der kreativ ist, das heißt, der jedesmal, von Fall zu Fall, angepaßt wird – je nach den Umständen, je nach den Notwendigkeiten des jeweiligen Momentes. Alles andere ist Phantasie!

Es handelt sich hier um einen Vorgang, der nicht menschlich ist. Die Menschen möchten ihn zwar gern verstehen. Aber das Einzige, was sie sehen können, ist, wie sich dieser Vorgang *bemerkbar* macht. Sie können die Zyklen spüren und deren Auswirkungen auf die Masse der Menschen.

Aber das ›Warum‹ können sie mit ihrem Mental nicht erfassen. Sie sollten deshalb auch nicht zu verstehen versuchen, was nicht zu verstehen ist. Das ganze ist nicht zu verstehen, weil der Mensch die dazu erforderlichen Organe nicht besitzt – noch nicht besitzt, noch nicht ...

Der Mensch ist einerseits ein Nichts, etwas äußerst Verwundbares; und es ist letztendlich unwesentlich, was er tut – in Relation zu diesen unvorstellbaren kosmischen Zusammenhängen. Auf der anderen Seite stellt der Mensch ein enormes Kraftpotential dar, mit schöpferischen Kräften und unerklärbaren okkulten Fähigkeiten, die fast unbeschränkt sind.

Ein einzelner Mensch, als Individuum, das heißt als okkultes Phänomen selbst, ist ein Potential von außergewöhnlicher Kraft und mit außerordentlichen Möglichkeiten.

Ein Mensch, der entsprechend entwickelt ist, mit Intuition, der entsprechend empfindsam und offen ist, versehen mit all seinen normalen menschlichen Aufgaben hier innerhalb seines Lebens auf der Erde, mit seinen Verpflichtungen gegenüber seiner Familie, seinen Mitmenschen, seinem Volk – der kann gleichzeitig – wenn er möchte, wenn er bereit ist – mitwirken an einer Aktion, die er nicht erfassen kann; …

> *… und er kann auf diese Weise hineinwachsen in einen großen Plan, kann teilhaben an einer großen Aufgabe, die sein Vorstellungsvermögen übersteigt, die aber unendlich wichtig ist für die gesamte Erde …«*